OSTÉOGRAPHIE

OU

DESCRIPTION ICONOGRAPHIQUE

COMPARÉE

DU SQUELETTE ET DU SYSTÈME DENTAIRE

DES MAMMIFÈRES

RÉCENTS ET FOSSILES

POUR SERVIR DE BASE A LA ZOOLOGIE ET A LA GÉOLOGIE

PAR

H. M. DUCROTAY DE BLAINVILLE

MEMBRE DE L'INSTITUT (ACADÉMIE DES SCIENCES)

PROFESSEUR D'ANATOMIE COMPARÉE AU MUSÉUM D'HISTOIRE NATURELLE, ETC.

OUVRAGE ACCOMPAGNÉ DE 320 PLANCHES LITHOGRAPHIÉES SOUS SA DIRECTION

PAR M. J. C. WERNER

Peintre du Muséum d'Histoire naturelle de Paris

PRÉCÉDÉ D'UNE ÉTUDE SUR LA VIE ET LES TRAVAUX DE M. DE BLAINVILLE

PAR M. P. NICARD

ATLAS — TOME TROISIÈME

Composé de 54 Planches

QUATERNATÈS

PARIS

J. B. BAILLIÈRE ET FILS

LIBRAIRES DE L'ACADÉMIE IMPÉRIALE DE MÉDECINE,

Rue Hautefeuille, 19.

LONDRES
HIPP. BAILLIÈRE, 219, Regent-street.

NEW-YORK
BAILLIÈRE BROTHERS, 440, Broadway.

MADRID
BAILLY-BAILLIÈRE, Plaza del Principe-Alfonso, 8.

1839—1864

TABLE DES PLANCHES

CONTENUES DANS LE TROISIÈME VOLUME.

QUATERNATÈS.

GRAVIGRADES.

G. Elephas, avec 18 planches.

I. Squelette de l'Éléphant de l'Inde (*Elephas Indicus*).
II. Têtes de l'*Elephas Indicus*.
III. — de l'*E. Africanus*.
— de l'*E. Indicus Ceylanicus*.
— de l'*E. Primigenius Sibericus*.
— de l'*E. Primigenius Germanicus*.
— de l'*E. Indicus Bengalensis*.
— de l'*E. Primigenius Meridionalis*.
IV. Parties caractéristiques du tronc.
V. Parties caractéristiques des membres (antérieurs).
VI. Parties caractéristiques des membres (postérieurs).
VII. Système dentaire (mâchoire supérieure).
VIII. Système dentaire (mâchoire supérieure, défenses).
IX. Système dentaire (mâchoire inférieure).
X. Système dentaire (mâchoire inférieure).
XI. *Elephantes* fossiles *Indiæ*.
XI*bis*. *Elephantes* fossiles, *E. Latidens?*
XII. *Elephantes* fossiles, *E.* (Mastodon) *Humboldtii*.
XIII. *Elephantes* fossiles. *E.* (Mastodon). *Angustidens* de Gascogne, par M. Lardet.
XIV. *Elephantes* fossiles, *E.* (Mastodon). *Angustidens*.
XV. Système dentaire (mâchoires supérieure et inférieure).
XVI. *Elephantes* fossiles, *E.* (Mastodon). *Ohioticus*.
XVII. Système dentaire (mâchoires supérieure et inférieure).

G. Dinotherium, avec 3 planches.

I. Crâne du *D. giganteum* (ex Kaup.).
Mandibules du *D. giganteum*.
— du *D. giganteum* (interm.).
— du *D. Cuvieri*.
II. Ossements divers du *D. Australe*.
— du *D. Cuvieri*.
— du *D. giganteum*.
— du *D. giganteum?* d'Eppelsheim (Rhin).
— du *D. Bavaricum* (ex Meyer).
III. Système dentaire (*D. giganteum*, *D. intermedium*, *D. Proavum*, *D. Cuvieri*).

G. Manatus, avec 11 planches.

I. Squelette du Lamantin d'Amérique (*Manatus Australis*).
II. — du Dugong de Torrès (*Manatus Dugung*).
III. Têtes du *M. latirostris* (ex Harlan).
— du *M. latirostris*.
— du *M. Australis*.
— du *M. Senegalensis*.
IV. — du *M. Dugung*.
V. Parties caractéristiques du tronc.
VI. Parties caractéristiques des membres.
VII. Système dentaire.
VIII. *Manati* fossiles.
— *Cheirotherium Brocchii*.
— *M. fossilis Cuv.*
— *Pugmeodon Schinzii, Kaup*.
IX. *Manati fossiles*.
— *Hippopotamus medius, Cuv.*
— *Metaxytherium Cuvieri* (*Christol.*) de Doué.
— *Hippop. dubius* (*Cuv.*) *Metax. Cuvieri* (*Christ.*) de Blaye.
— *Cheirotherium Brocchii*.
— *Pugmeodon Schinzii* (ex Kaup).
— *Halytherium dubium* (ex Kaup).
— *Metaxytherium Cuvieri* (*Christol.*) de Montpellier (ex Christol.).
X. *Manati fossiles*.
XI. *Manati fossiles*, Lamantin de la Seine (*M. Guettardi*).

ONGULOGRADES.

G. Hyrax, avec 3 planches.

I. Squelette du Daman de Syrie (*Hyrax Syriacus*).
II. Crânes et système dentaire de l'*H. Syriacus.*
— de l'*H. Capensis.*
— de l'*H. Ruficeps.*
— de l'*H. Syriacus.*
— de l'*H. Arboreus.*
III. Parties caractéristiques du tronc et des membres (*Hyrax Capensis*).

G. Rhinocéros, avec 14 planches.

I. Squelette du Rhinocéros de Java (*R. Javanus*).
II. Têtes du *R. Javanus jun.*
— du *R. Javanus.*
— du *R. Sumatrensis?*
— du *R. unicornis.*
III. — du *R. bicornis.*
IV. — du Rhinocéros *Simus.*
V. Parties caractéristiques du tronc du *R. unicornis.*
— du *R. Sumatrensis.*
— du *R. Javanus.*
— du *R. bicornis.*
— du *R. Javanus.*
— du *R. Sumatrensis.*
— du *R. incisivus* (*Eppelheim*).
— du *R. incisivus* (*Arvernensis*).
— du *R. Tichorinus* (*ex Hollmann*).
VI. Parties caractéristiques des membres (antérieurs) du *R. bicornis.*
— du *R. unicornis.*
Parties du *R. Sumatrensis.*
VII. Parties caractéristiques des membres (postérieurs) du *R. Javanus.*
— du *R. unicornis.*
— du *R. Sumatrensis.*
— du *R. bicornis.*
VIII. Système dentaire.
IX. R. fossiles.
— du *R. Leptorhinus* de Toscane.
— d'Eppelsheim.
— du *R. incisivus* d'Auvergne, de Sansans.
— du *R. Tichorinus* de Sibérie.
X. R. fossiles.
— du *R. Elatus* d'Auvergne, des bords du Volga, de Paris, de Sansans (Gers), de l'Orléanais, d'Abbeville, d'Angleterre.
— du *R. Leptorhinus* du val d'Arno.
XI. R. fossiles.
— du *R. Tichorinus* d'Angleterre (Kent.).
— *Tichorinus* ex Nesti et Cuvier d'Eppelsheim, de Lunelviel, d'Abbeville.
— du *R. Leptorhinus* du val d'Arno.
— du *R. elatus* d'Auvergne.
— du *R. incisivus* de l'Orléanais.
XII. Système dentaire (*R. incisivus*).
XIII. Système dentaire (*R. Tichorhinus*).
— du *R. Leptorhinus.*
XIV. R. fossiles (*R. unicornis*).
— du *R. Tichorhinus.*

G. Equus, avec 5 planches.

I. Squelette du Cheval (*E. Caballus*).
II. — de l'*Equus Hemionus.*
— de l'*E. Asinus.*
— de l'*E. Caballus.*
III. — de l'*E. Burcelii* (*Daw.*).
Têtes de l'*E. Quagga.*
— de l'*E. Zebra.*
IV. Parties caractéristiques du tronc.
— a. *E. Asinus.*
— b. *E. Burchelii.*
— c. *E. Caballus.*
V. Parties caractéristiques des membres.
— a. *E. Asinus.*
— b. *E. Burchelii.*
— c. *E. Caballus.*

Paris. — Imprimé par E. Thunot et Ce, 26, rue Racine.

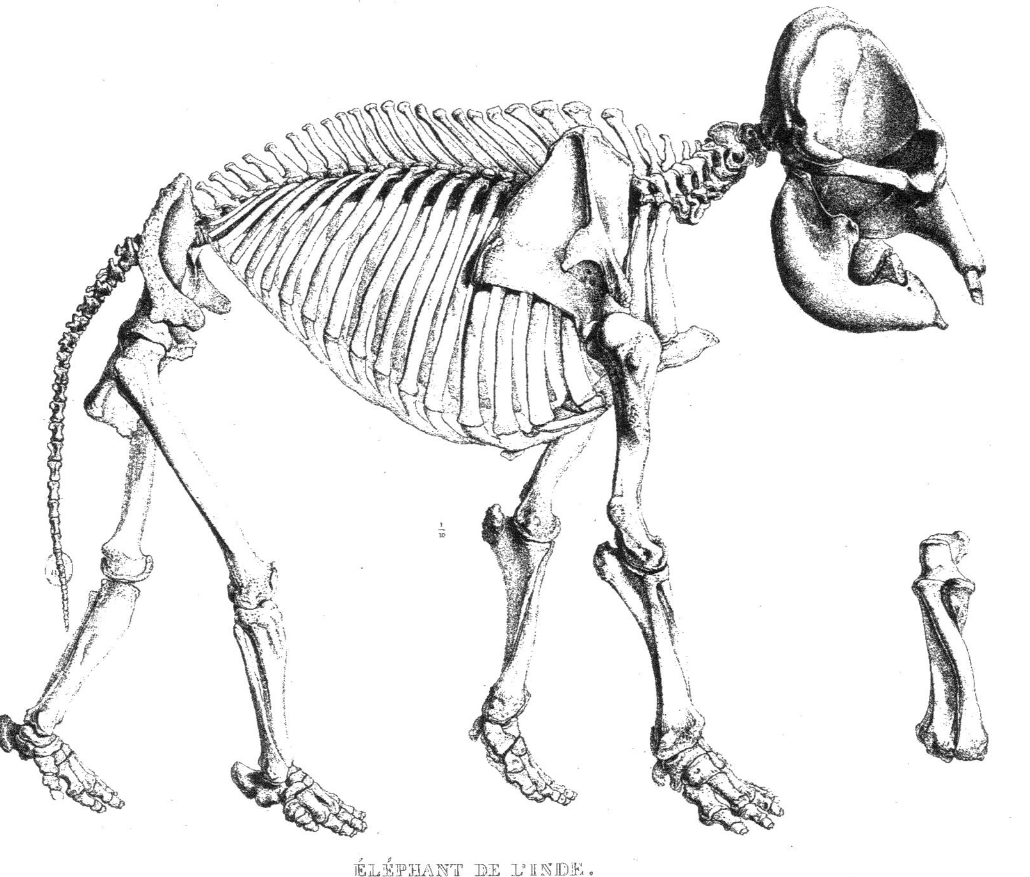

ÉLÉPHANT DE L'INDE.

Elephas indicus ♀.

Werner et Delahaye del.

Lith. de Becquet.

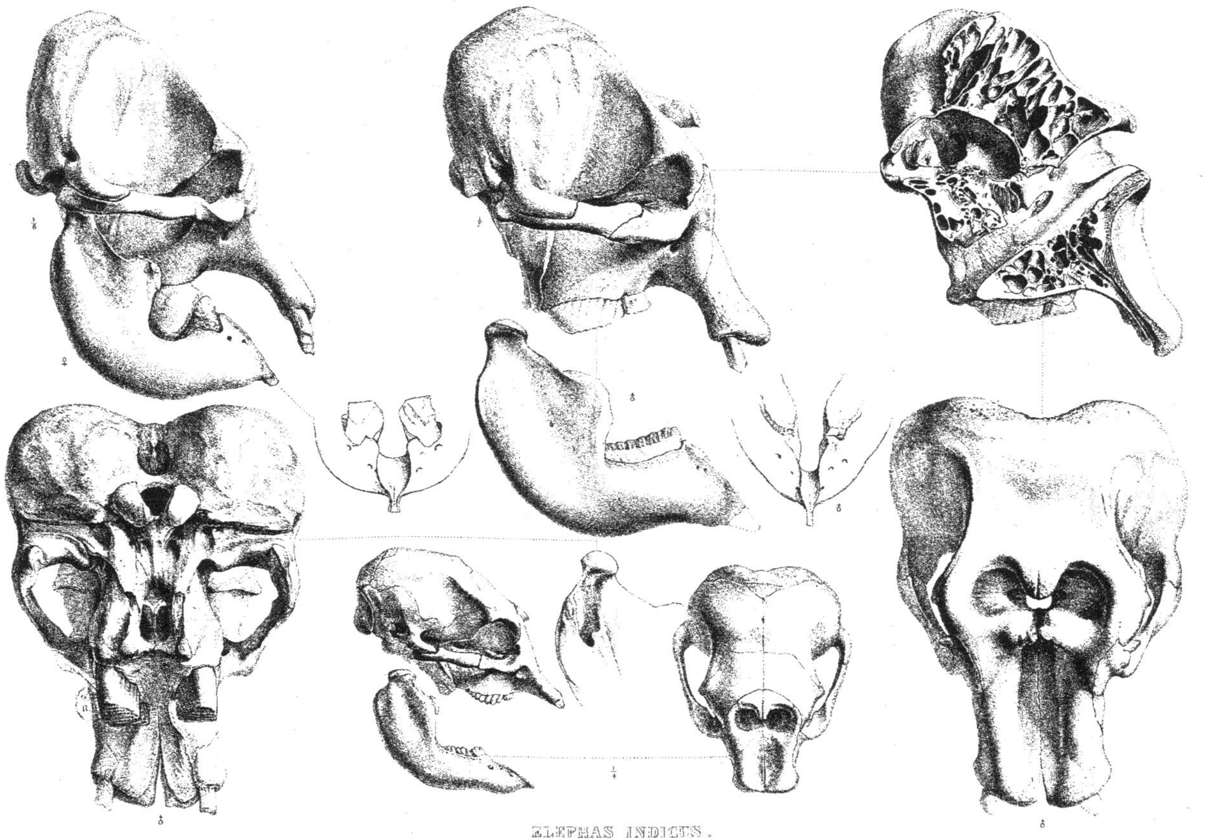

ELEPHAS INDICUS.

Werner et Delahaye del. Lith. de Becquet.

Gr. nat.

E. AFRICANUS. ♀

E. INDICUS CEYLANICUS.

E. PRIMIGENIUS SIBIRICUS.

1/4

ou Nesti

E. PRIMIGENIUS GERMANICUS.

E. INDICUS BENGALENSIS. ♂.

E. PRIMIGENIUS MERIDIONALIS.

Werner et Delahaye del.

1/7

Lith. de Becquet.

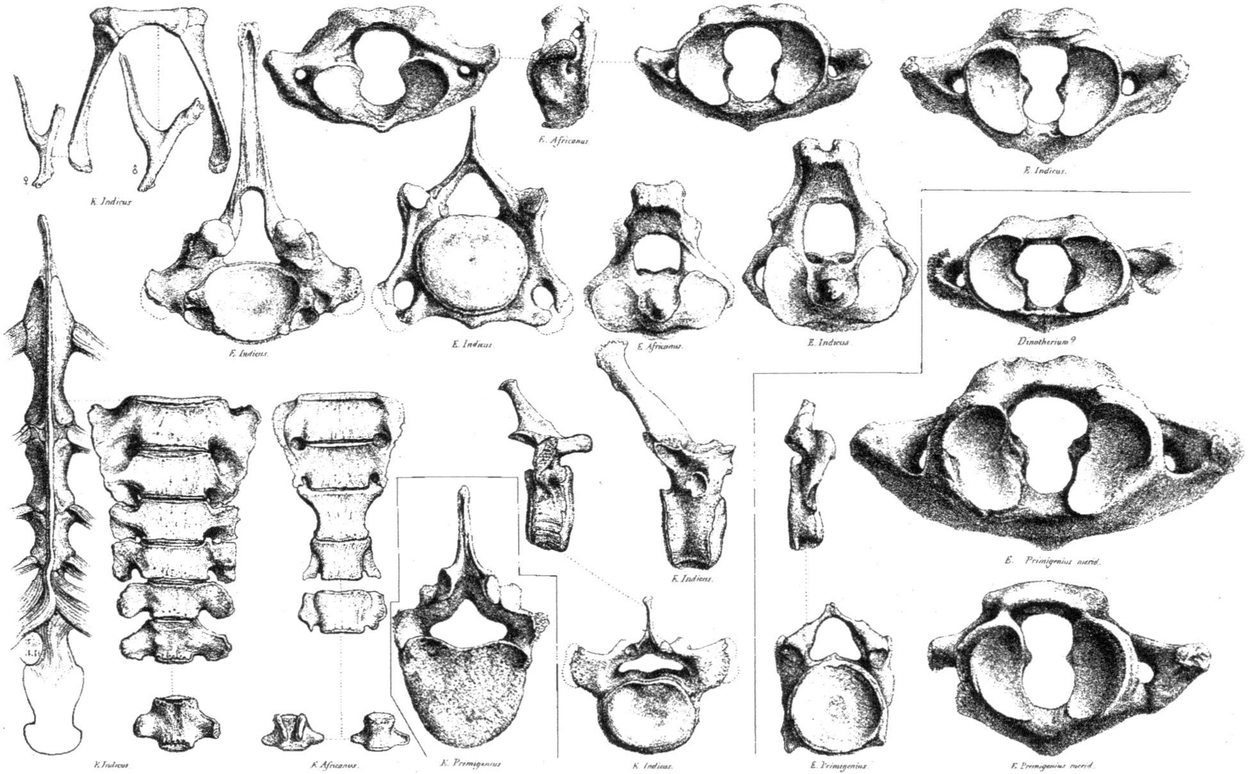

♀ ♂

E. Indicus.

E. Africanus.

E. Indicus.

E. Indicus.

E. Indicus.

E. Africanus.

E. Indicus.

Dinotherium?

E. Indicus.

E. Primigenius merid.

E. Indicus.

E. Africanus.

E. Primigenius.

E. Indicus.

E. Primigenius.

E. Primigenius merid.

PARTIES CARACTÉRISTIQUES DU TRONC.

1/4

Werner et Delahaye del.

Lith. de Becquet.

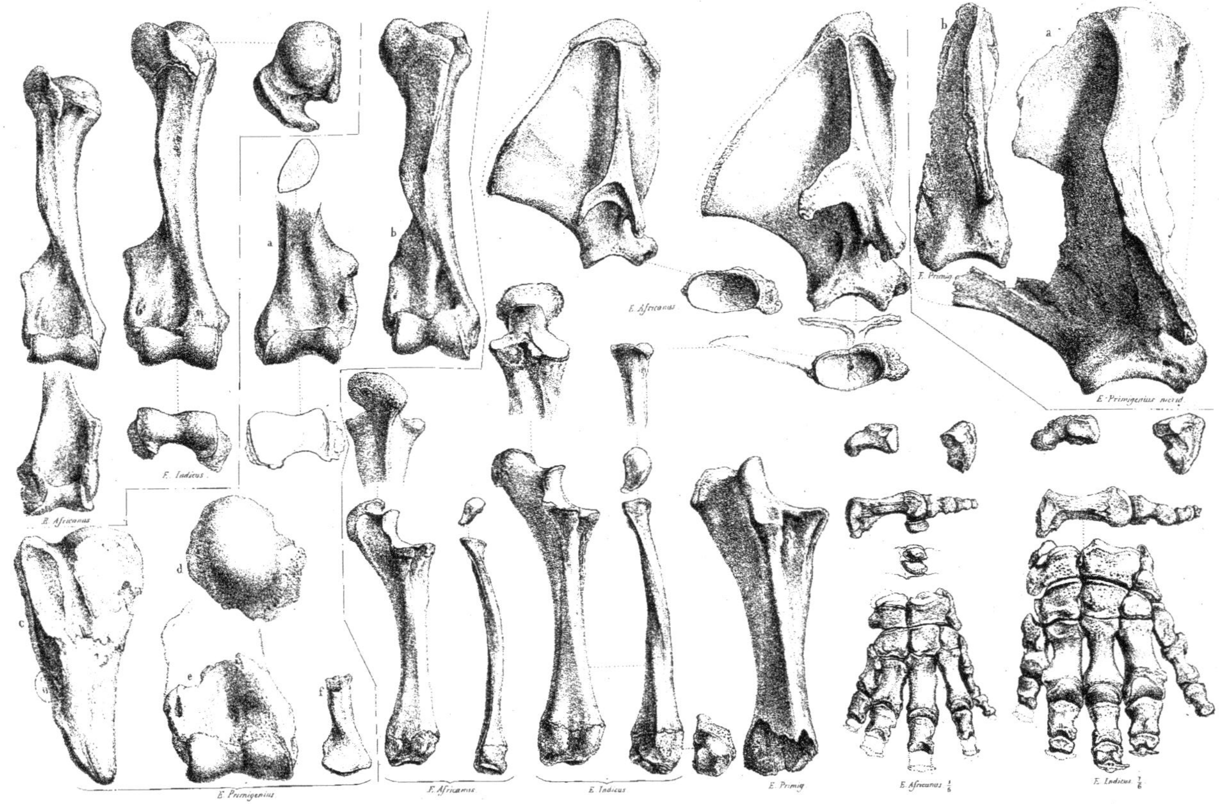

b a E. Primig E. Primigenius uncial E. Africanus

a b R. Africanus E. Indicus

c d e f E. Primigenius E. Africanus E. Indicus E. Primig E. Africanus 1/6 E. Indicus 1/6

PARTIES CARACTÉRISTIQUES DES MEMBRES.

(Antérieurs $\frac{1}{8}$)

Werner et Delahaye del. Lith. de Becquet.

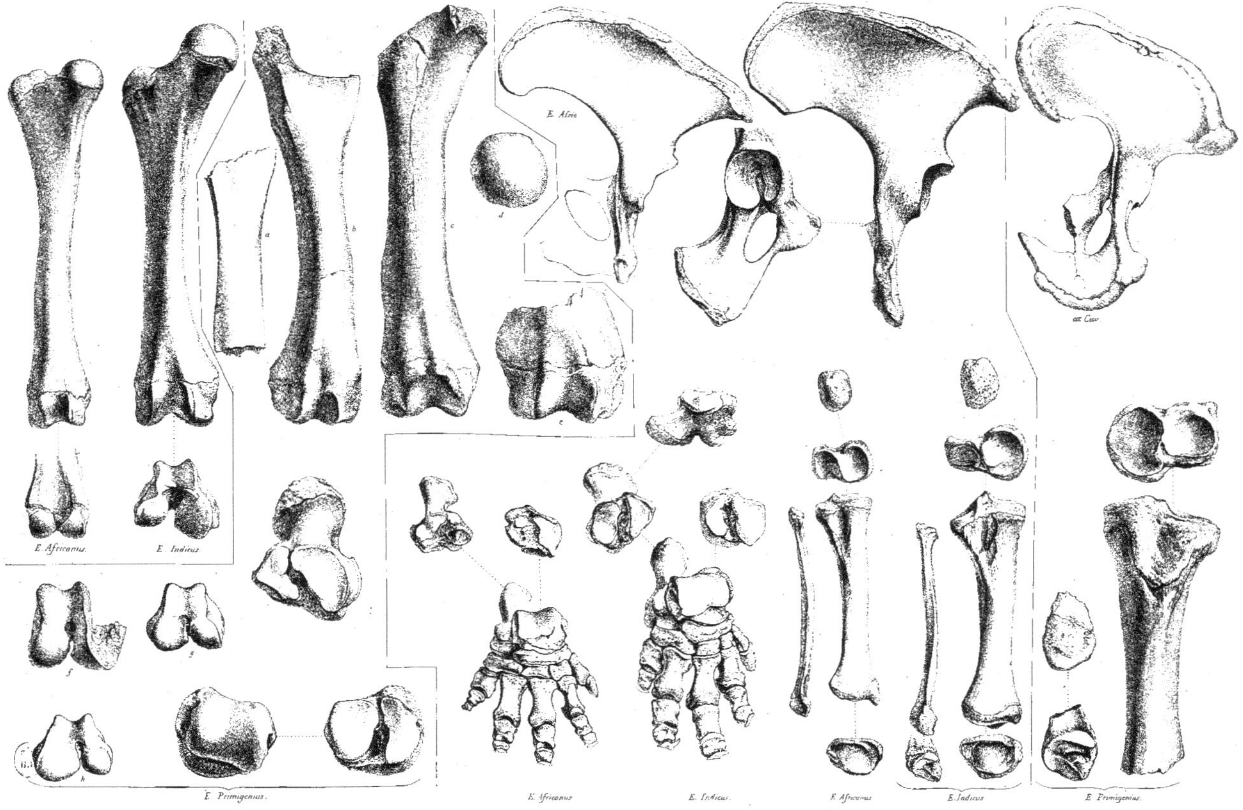

E. Afric. a b c d e ex Cuv.

E. Africanus. E. Indicus. f g h

E. Primigenius. E. Africanus. E. Indicus. E. Africanus. E. Indicus. E. Primigenius.

PARTIES CARACTÉRISTIQUES DES MEMBRES.

(Postérieurs. ⅛.)

Werner et Delahaye del. Lith. de Becquet.

E. INDICUS.

E. INDICUS.

E. AFRICANUS.

SYSTÈME DENTAIRE.

(Mâchoire supérieure $\frac{1}{3}$)

Werner et Delahaye del.

Lith. de Becquet.

1ᶜ 1ᶜᶜ 1ᶜᶜᶜ 1ᶜᶜᶜᶜ 2ᵃ 2ᵇ 2ᶜ 3ᵃ 3ᵇ 4ᵃ 4ᵇ 4ᶜ 4ᵈ 6ᵃ 6ᵇ 6ᶜ 6ᵈ 6ᵉ

ELEPHAS PRIMIGENIUS.

SYSTÈME DENTAIRE.

(Mâchoire supérieure $\frac{1}{3}$)

Delhaye $\frac{1}{3}$.

Werner et Delahaye del. Lith. de Becquet.

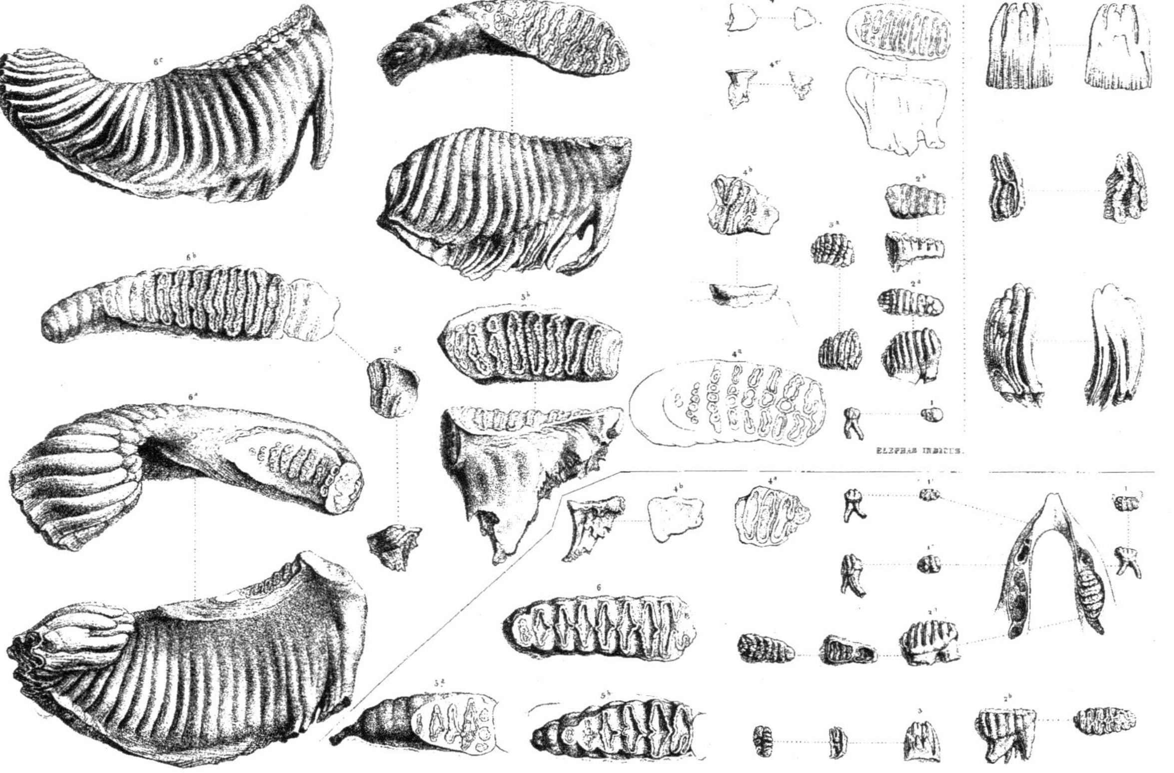

SYSTÈME DENTAIRE.

(Mâchoire inférieure $\frac{1}{3}$)

Werner et Delahaye del.

Lith. de Becquet.

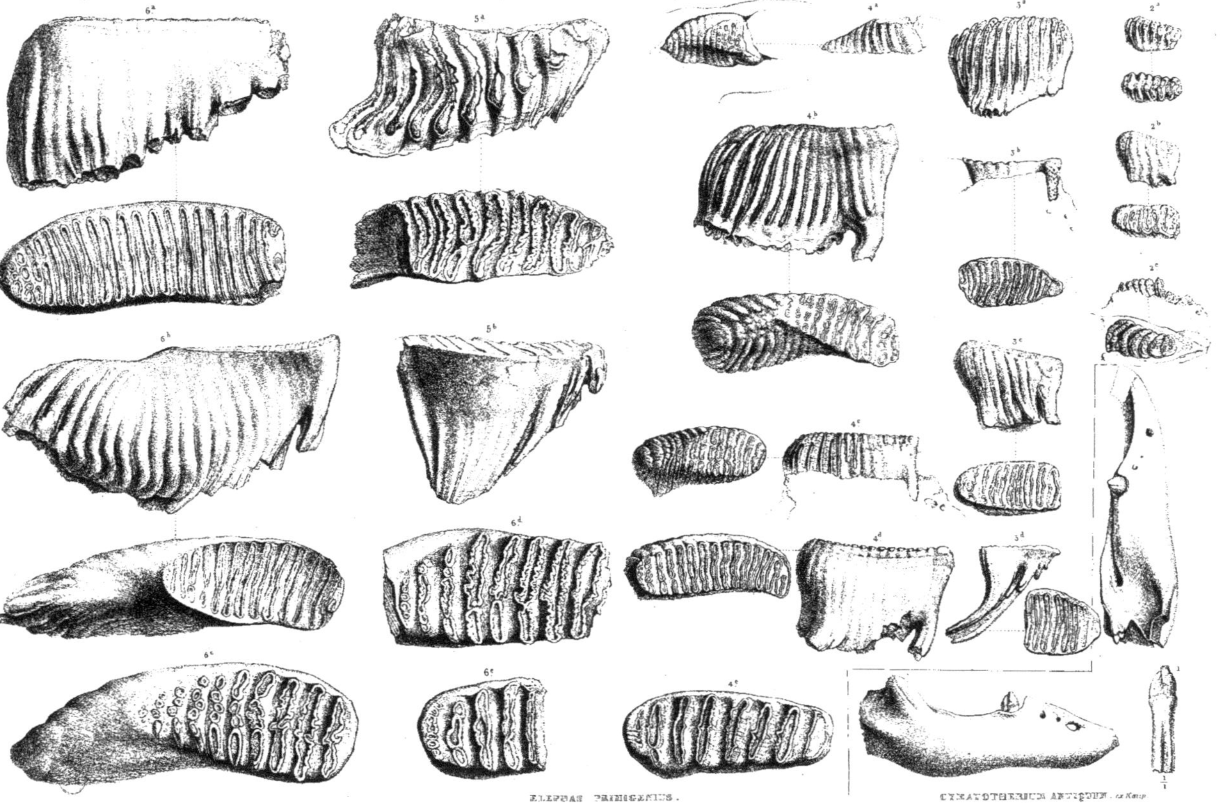

ELEPHAS PRIMIGENIUS.

CYMATOTHERIUM ANTIQUUM. ex Kaup

SYSTÈME DENTAIRE.

(Mâchoire inférieure $\frac{1}{2}$.)

Werner et Delahaye del.

Lith. de Becquet

ex Owen.
DINOTHERIUM AUSTRALE.
de Darling Downs. (Nouv. Hollande.)

M. LATIDENS. ex Clift.

ex Cautley

ex Clift

ex Prinsep

MAST. ELEPHANTOÏDES.

ex Spilsbury

ex Clift

ex Clift

ex Durand
MASTODON SIVALENSIS.
des monts Siwaliks.

MASTODON ELEPHANTOÏDES Clift.
du Royaume d'Ava.

MASTODON LATIDENS Clift.
du Royaume d'Ava.

ex Prinsep ex Spilsbury
ELEPHAS PRIMIGENIUS ?
de Jabalpur (Vallée du Nerbudda)

ÉLÉPHANTES FOSSILES INDIÆ.

$\frac{1}{8}$

Werner et Delahaye del. Lith. de Becquet.

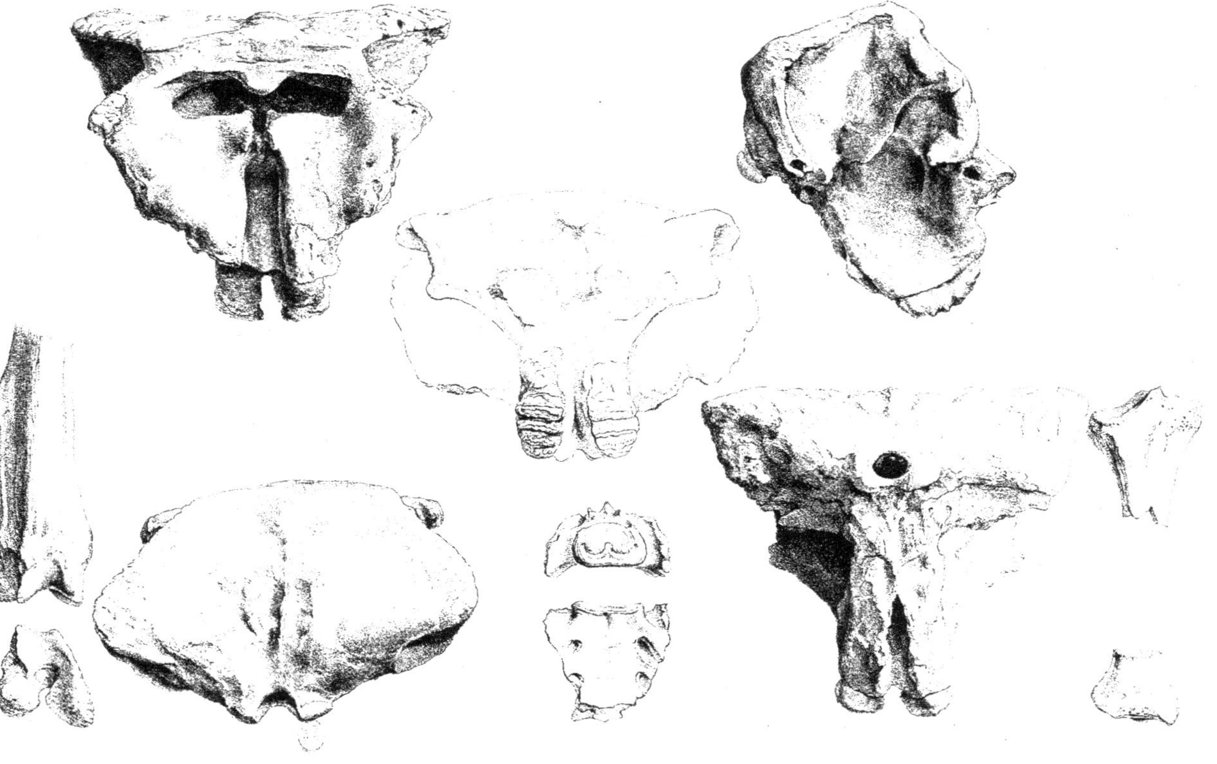

ELEPHANTES FOSSILES. E. LATIDENS. ?

$\frac{1}{6}$

Werner et Delahaye del. Lith. de Bequet

Chili
Colombie
Brésil
Pérou
Chili
Colombie
Buenos-Ayres
Pérou
Colombie
Mast. Andium.
Pérou
Chili
Buenos-Ayres
Colombie
Chili
Chili
Amer. mérid.
Colombie
Chili
Colombie

ELEPHANTES FOSSILES.

Eleph. (*Mastodon*) Humboldtii $\frac{1}{6}$

Werner et Delahaye del. Lith. de Becquet

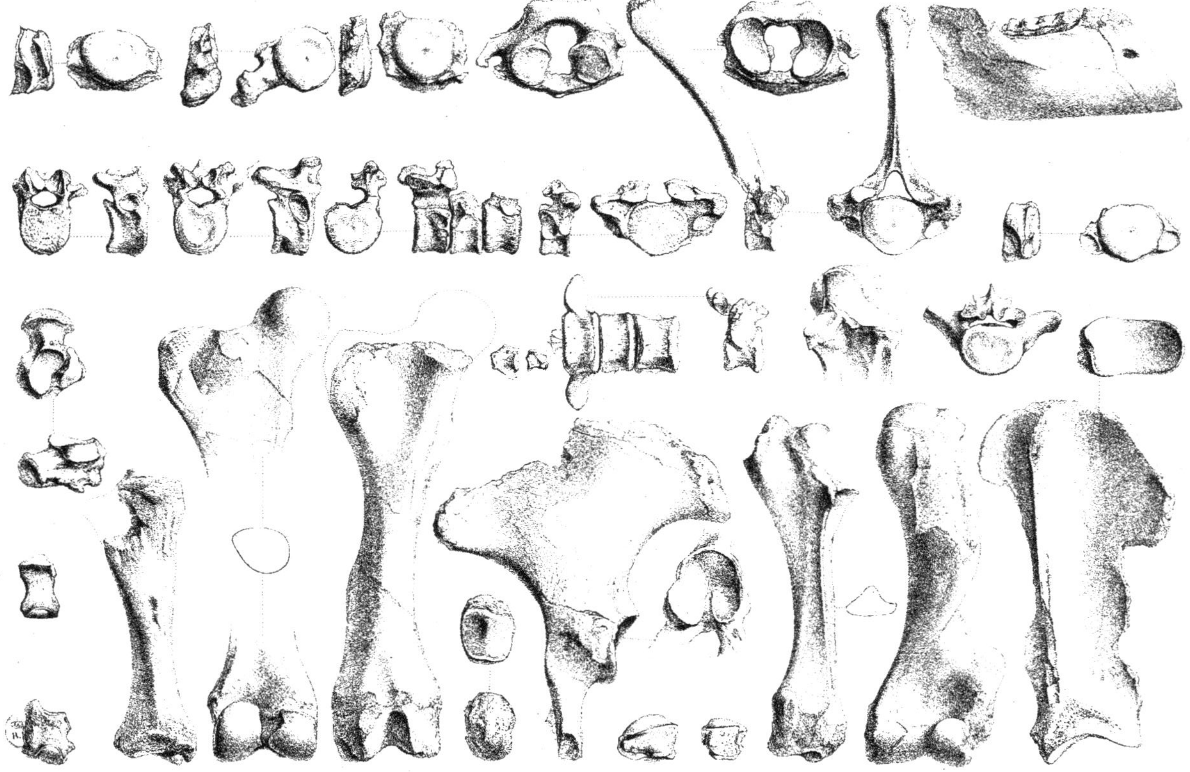

ELEPHANTES FOSSILES.

Eleph. (*Mastodon*) Augustidens de Gascogne, par M. Lartet.

$\frac{1}{6}$

Werner et Delahaye del.

Lith. de Becquet

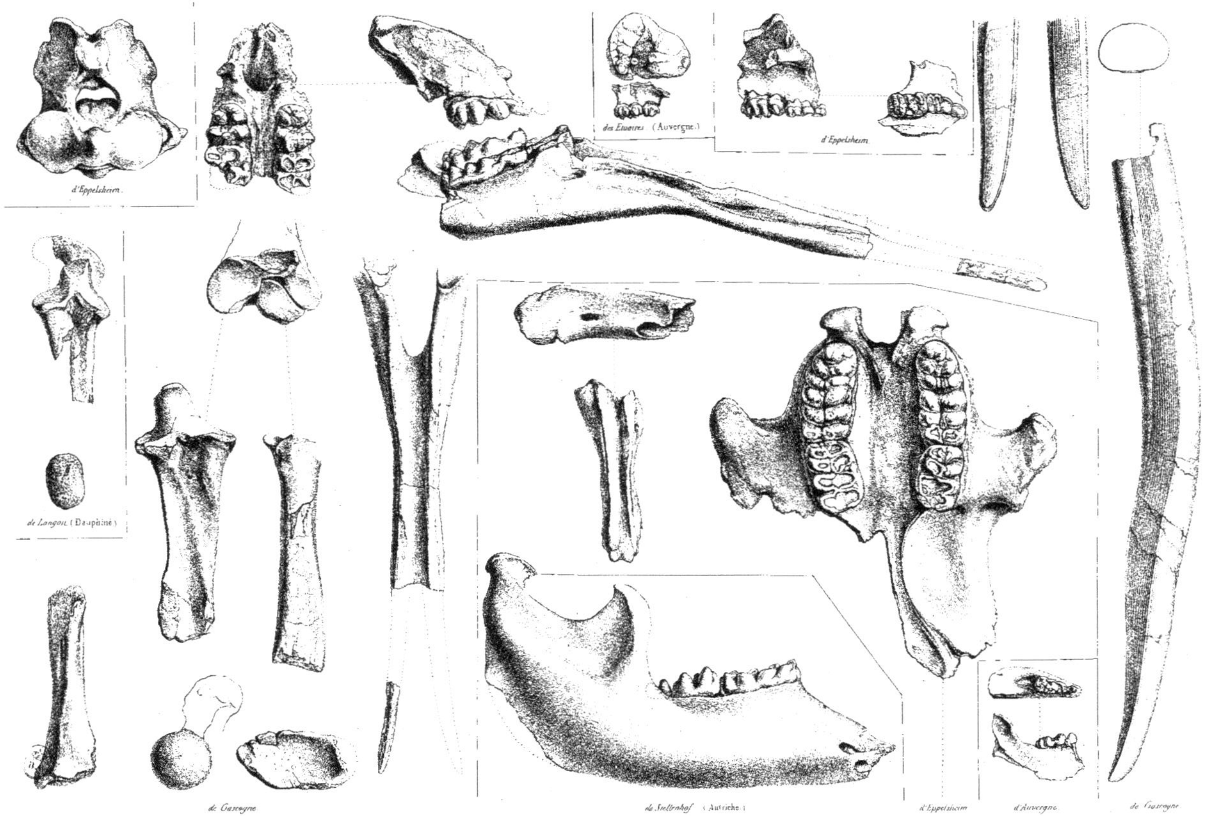

ÉLÉPHANTES FOSSILES.

Eleph (Mastodon) Angustidens.

Werner et Delahaye del.

Lith. de Becquet

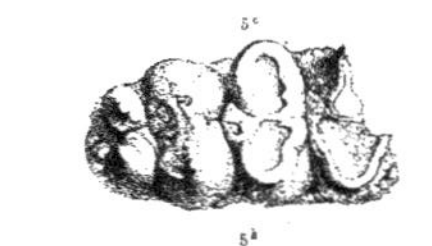

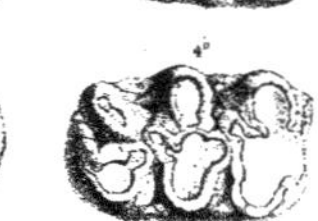
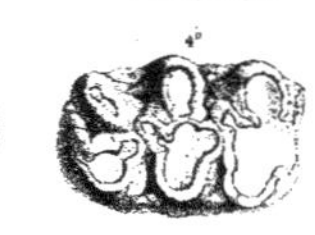
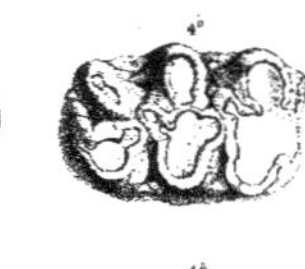
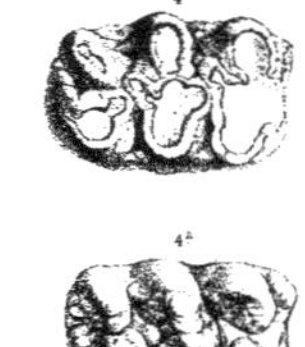
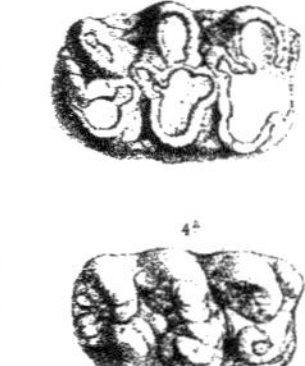
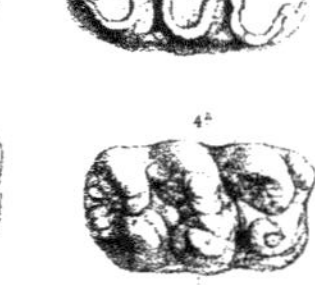
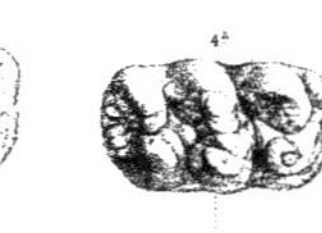
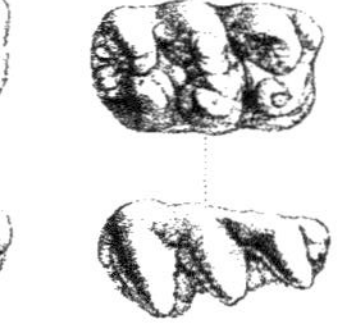
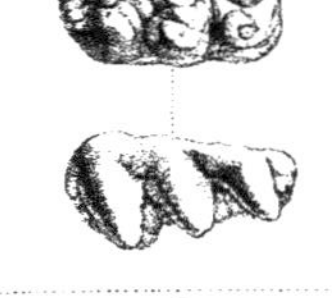
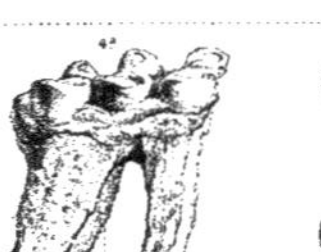
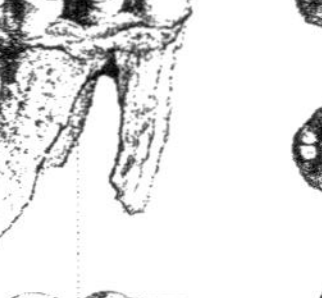

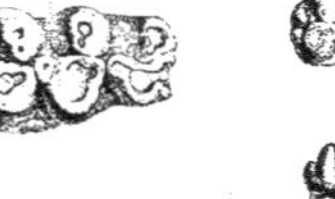
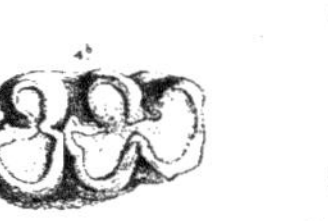
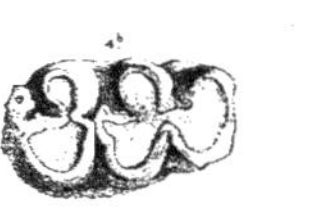
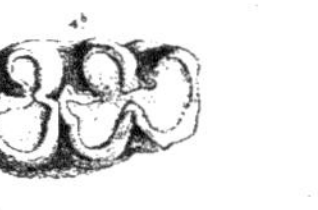

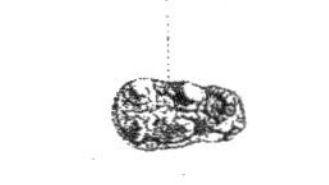
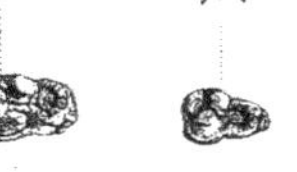
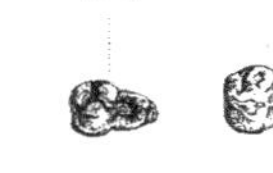
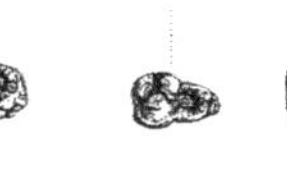

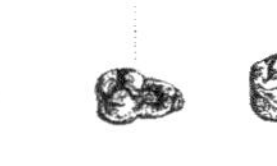
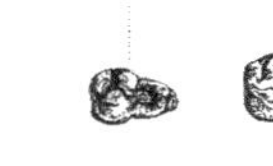

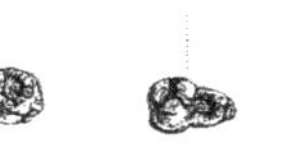
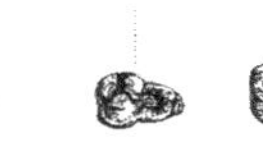

ELEPH. (*Mastodon*) ANGUSTIDENS.

SYSTÈME DENTAIRE.

(Mâchoires Sup. et inf. $\frac{1}{3}$.)

Werner et Delahaye del. Lith. de Becquet

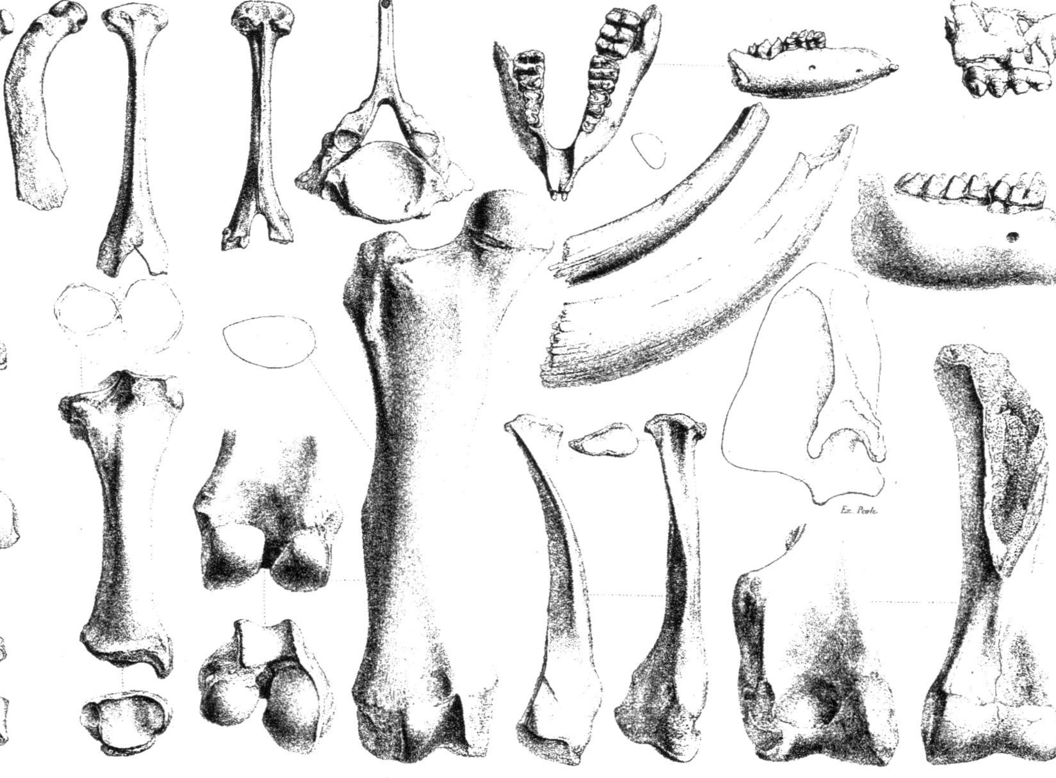

ELEPHANTES FOSSILES.

Eleph (*Mastodon*) Ohioticus $\frac{1}{6}$

Werner et Delahaye del. Lith de Becquet.

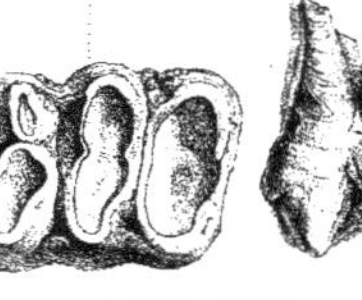
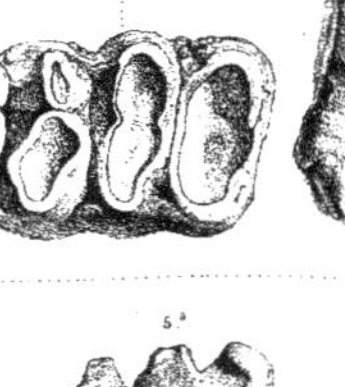
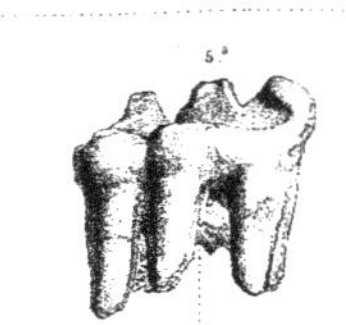
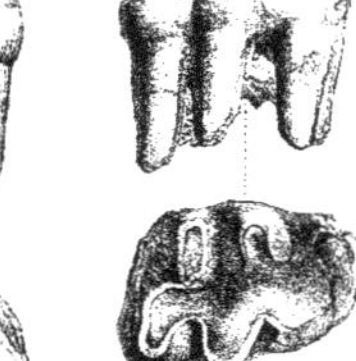
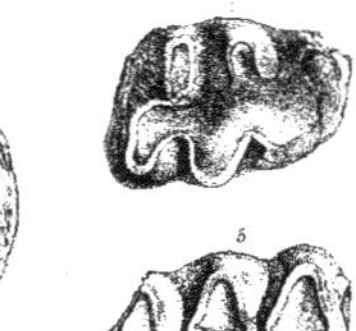
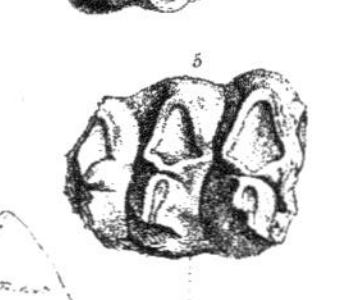

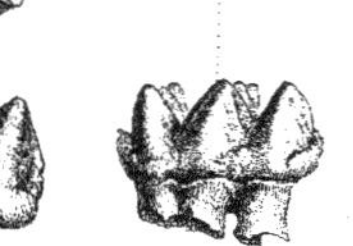

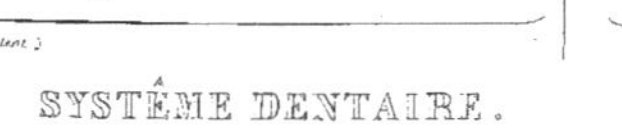
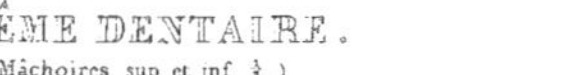

MASTODON OHIOTICUM. (Amér. Septent.)

MASTODON TAPIROÏDES. (Europe.)

SYSTÈME DENTAIRE.

(Mâchoires sup. et inf. ⅓)

Werner et Delahaye del. Lith. de Becquet.

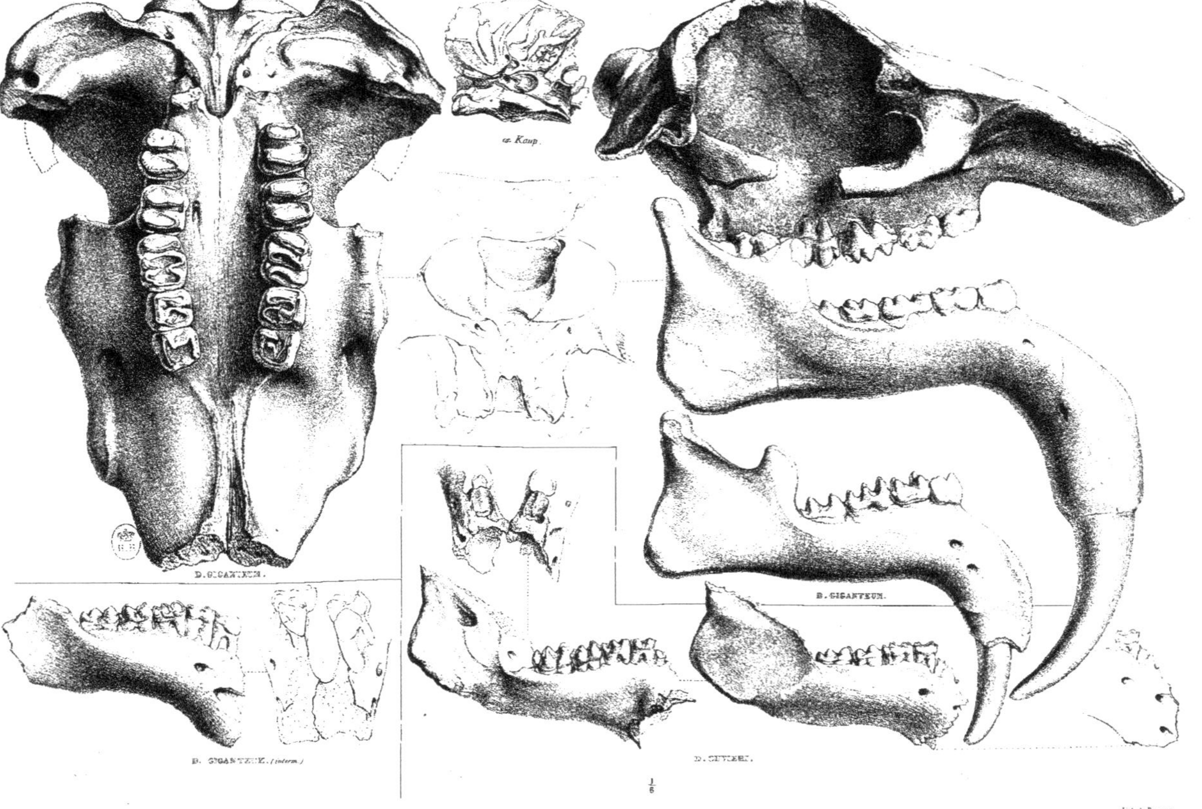

Werner et Delahaye del.

Lith. de Becquet.

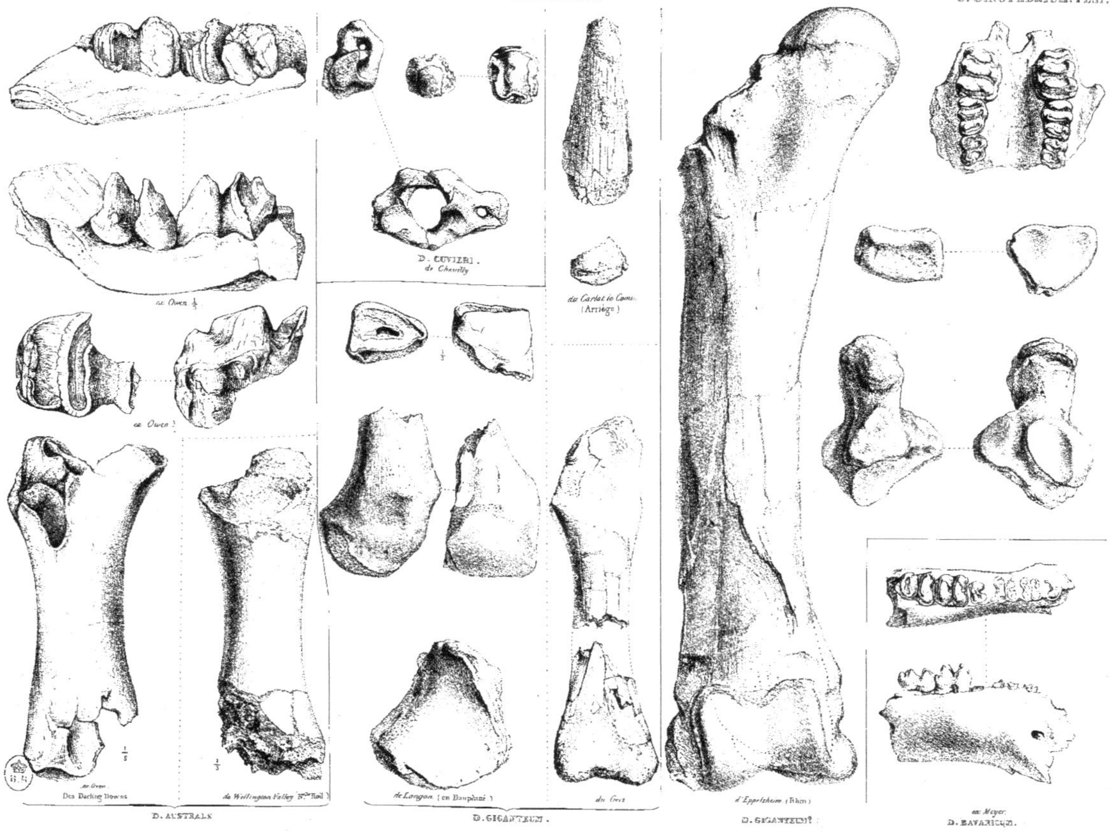

ex Owen $\frac{1}{4}$

D. CUVIERI. de Chevilly

du Carlat le Comte (Arriège)

ex Owen ?

$\frac{1}{3}$

$\frac{1}{5}$

$\frac{1}{3}$

ex Owen. Des Darling Downs

de Wellington Valley Nlle Holl.

de Longon (en Dauphiné)

du Gers

d'Eppelsheim (Rhin)

ex Meyer.

D. AUSTRALE

D. GIGANTEUM.

D. GIGANTEUM?

D. BAVARICUM.

Werner et Delahaye del.

$\frac{1}{6}$

Lith. de Becquet

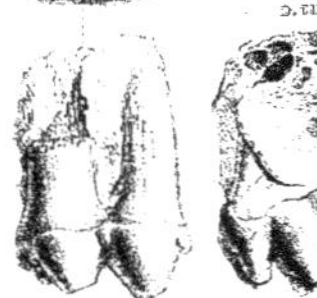

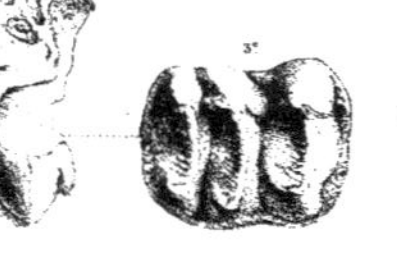
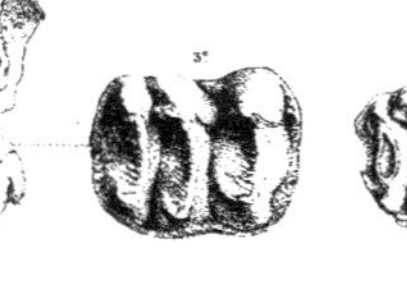
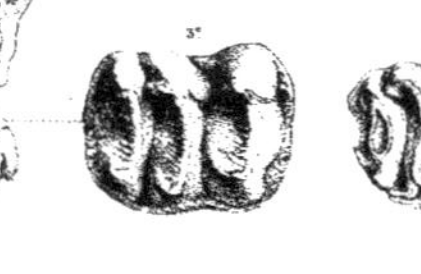
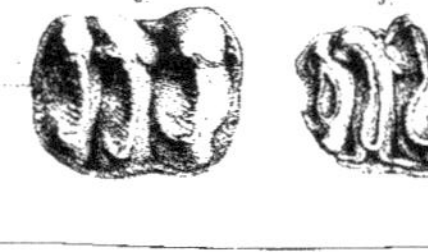
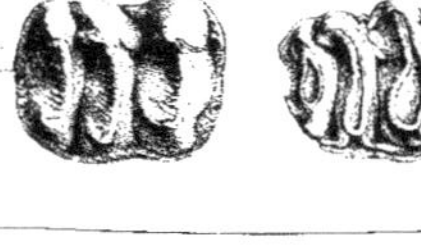

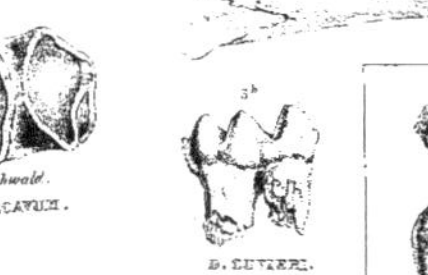
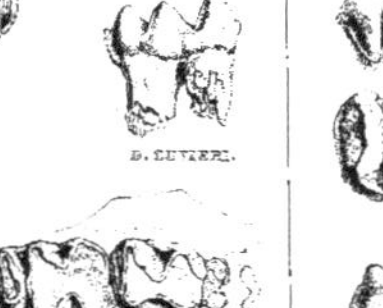
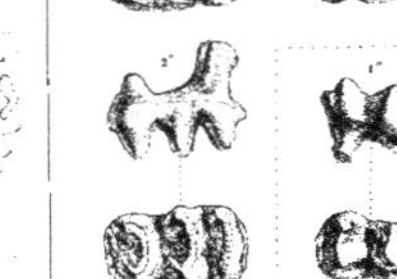
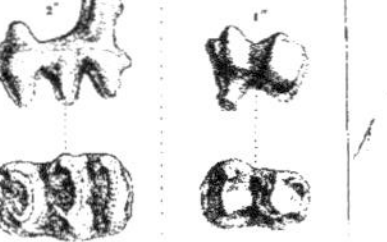
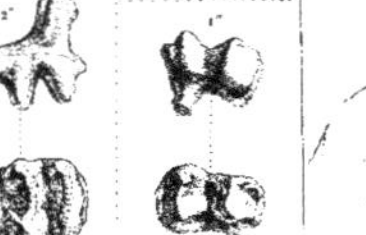
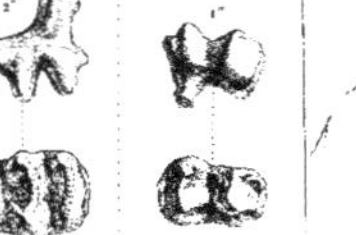
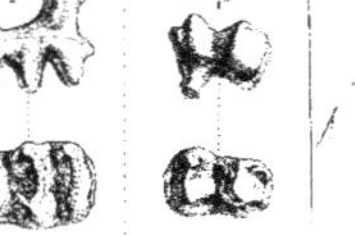
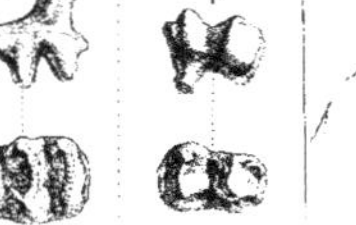
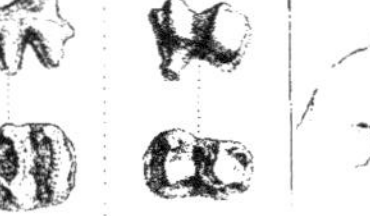
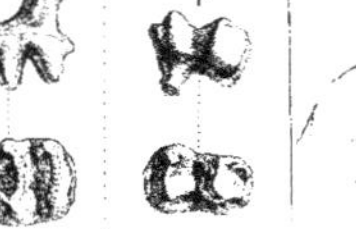
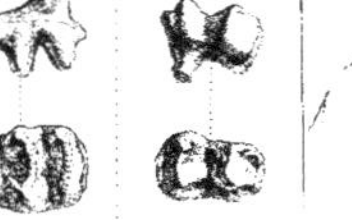
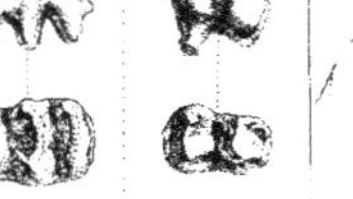

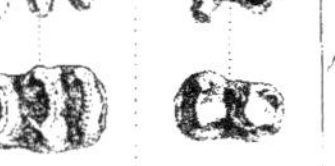

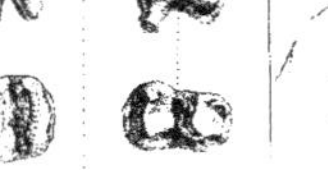

SYSTÈME DENTAIRE 3

DINOTHERIUM GIGANTEUM.

Werner et Delahaye del.

Lith. de Becquet.

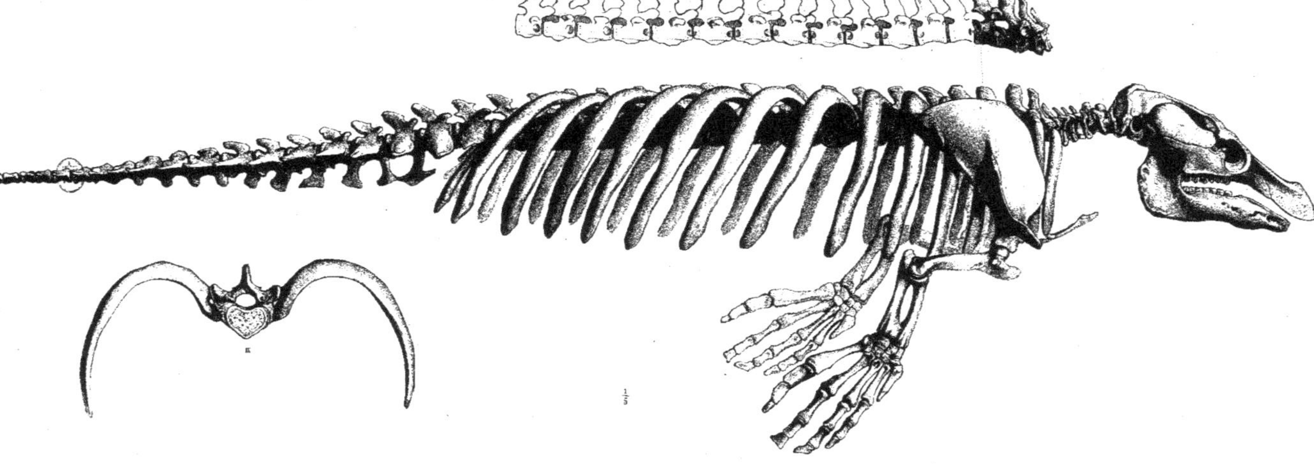

LAMANTIN D'AMÉRIQUE.
Manatus australis.)

Werner et Delahaye del. Lith. de Becquet

x

$\frac{1}{4}$

DUGONG DE TORRÈS.

(Manatus Dugung ♀.)

Werner et Delahaye del. Lith. de Becquet.

Gr. nat.

M. LATIROSTRIS, ex Harlan.

M. AUSTRALIS. M. LATIROSTRIS? M. SENEGALENSIS.

Werner et Delahaye del. 1/5 Lith. de Becquet

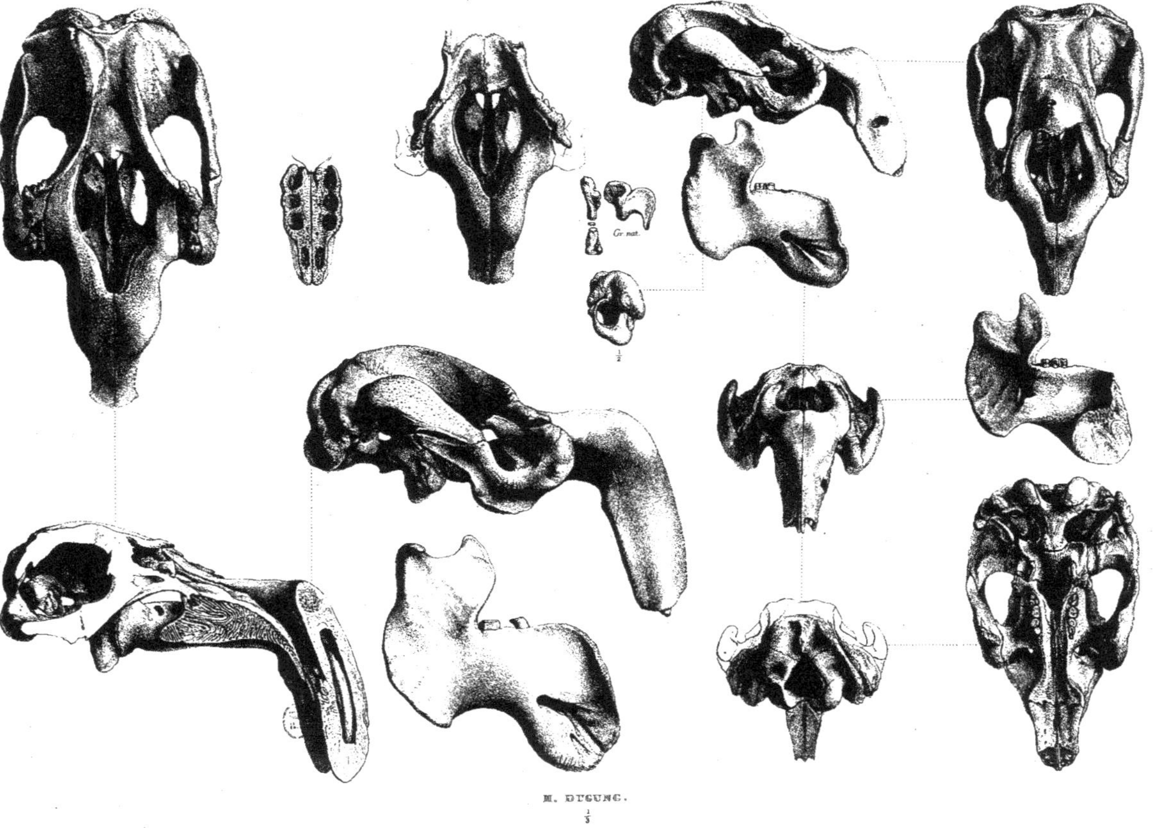

M. DUGUNG.
1/3

Werner et Delahaye del. Lith. de Becquet.

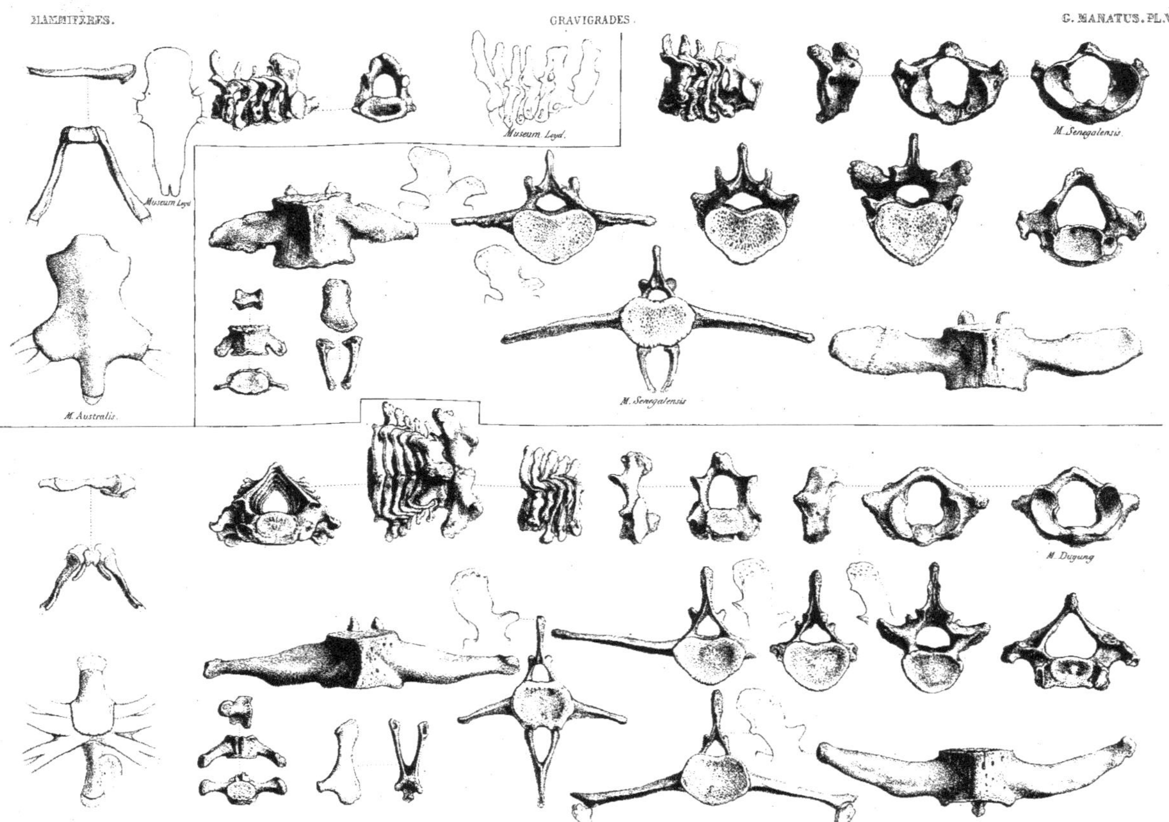

PARTIES CARACTÉRISTIQUES DU TRONC.

Werner et Delahaye del. Lith. de Becquet.

M. Dugong. M. Australis.

PARTIES CARACTÉRISTIQUES DES MEMBRES.

Werner et Delahaye del. Lith. de Becquet.

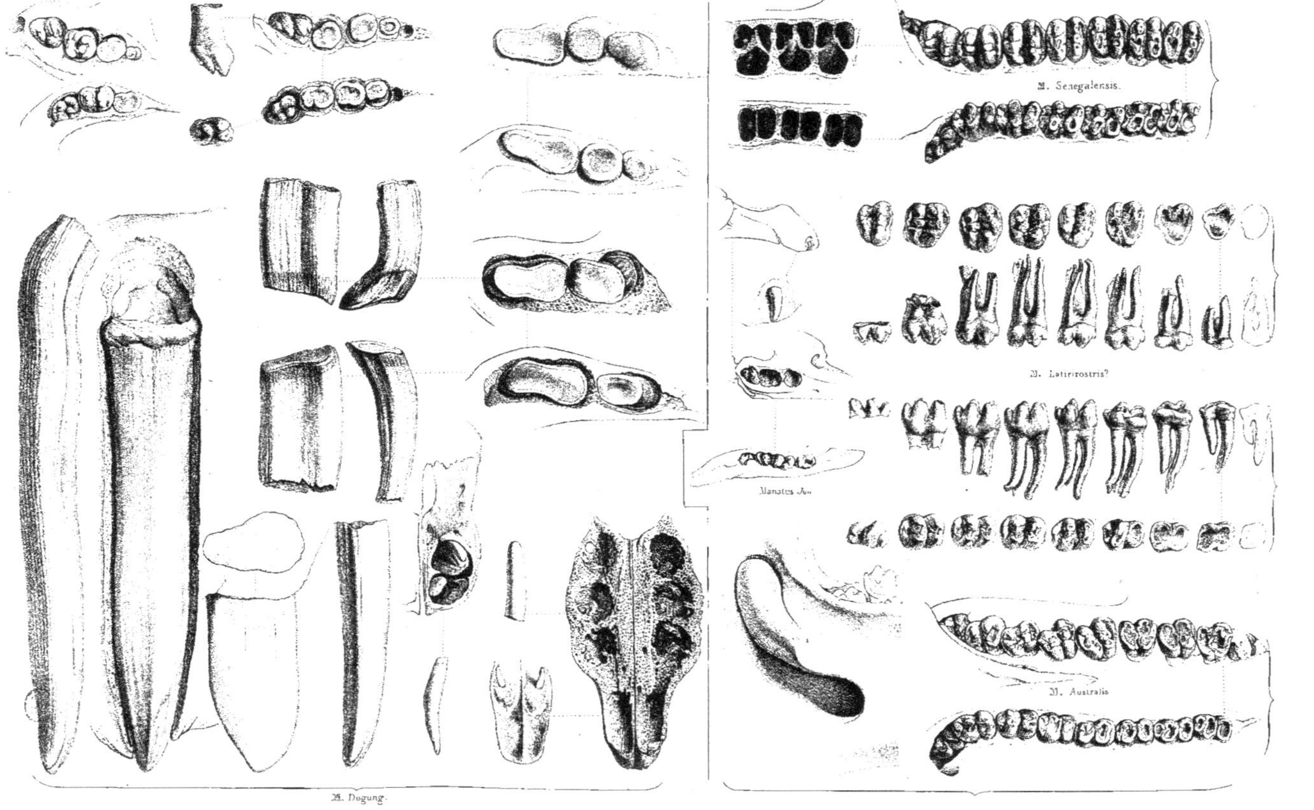

SYSTÈME DENTAIRE.

Werner et Delahaye del. Lith. de Becquet

MAMMIFÈRES. GRAVIGRADES. G. MANATUS. Pl. VIII.

CHEIROTHERIUM BROCCHII, *Bruno*

M. FOSSILIS, *Cuv.*

PUGMEODON SCHINZII, *Kaup.*

M. FOSSILIS, *Cuv.*

MANATI FOSSILES.

Werner et Delahaye del.

Lith. de Becquet

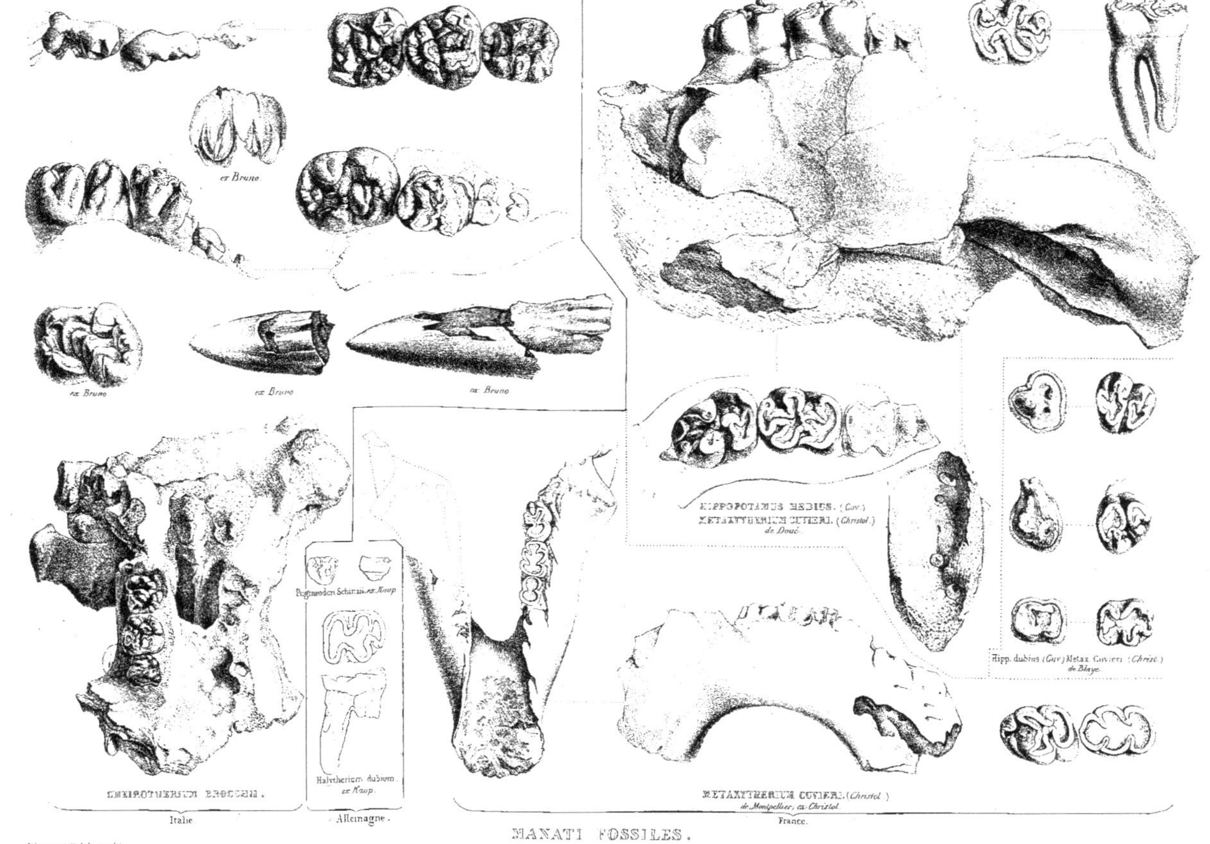

MANATI FOSSILES.

Werner et Delahaye del. Lith. de Becquet.

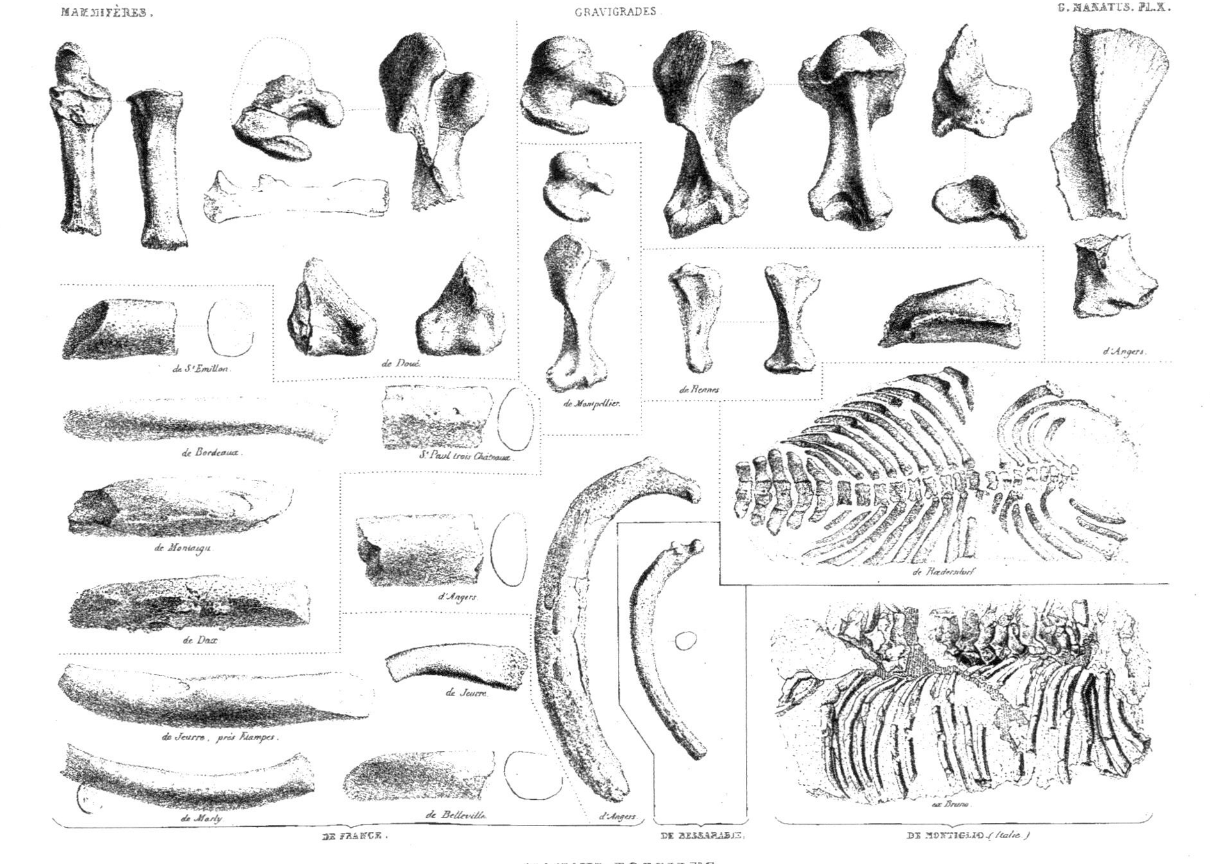

MANATI FOSSILES.

Werner et Delahaye del. Lith. de Becquet.

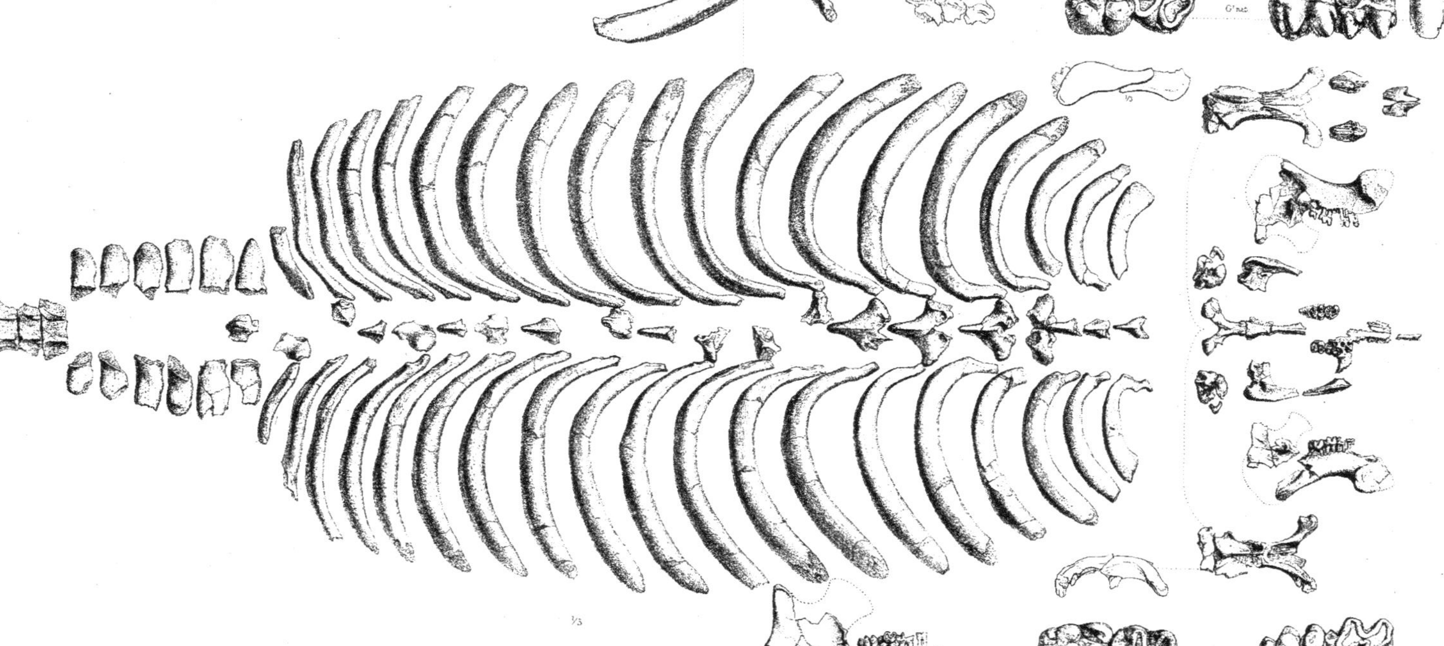

MANATI FOSSILES.

Lamantin de la Seine (M. Guettardi.)

Werner et Delahaye del. · Imp. Lith. de Becquet.

DAMAN DE SYRIE.

Hyrax Syriacus. ♀

Werner et Delahaye del. Lith. de Becquet.

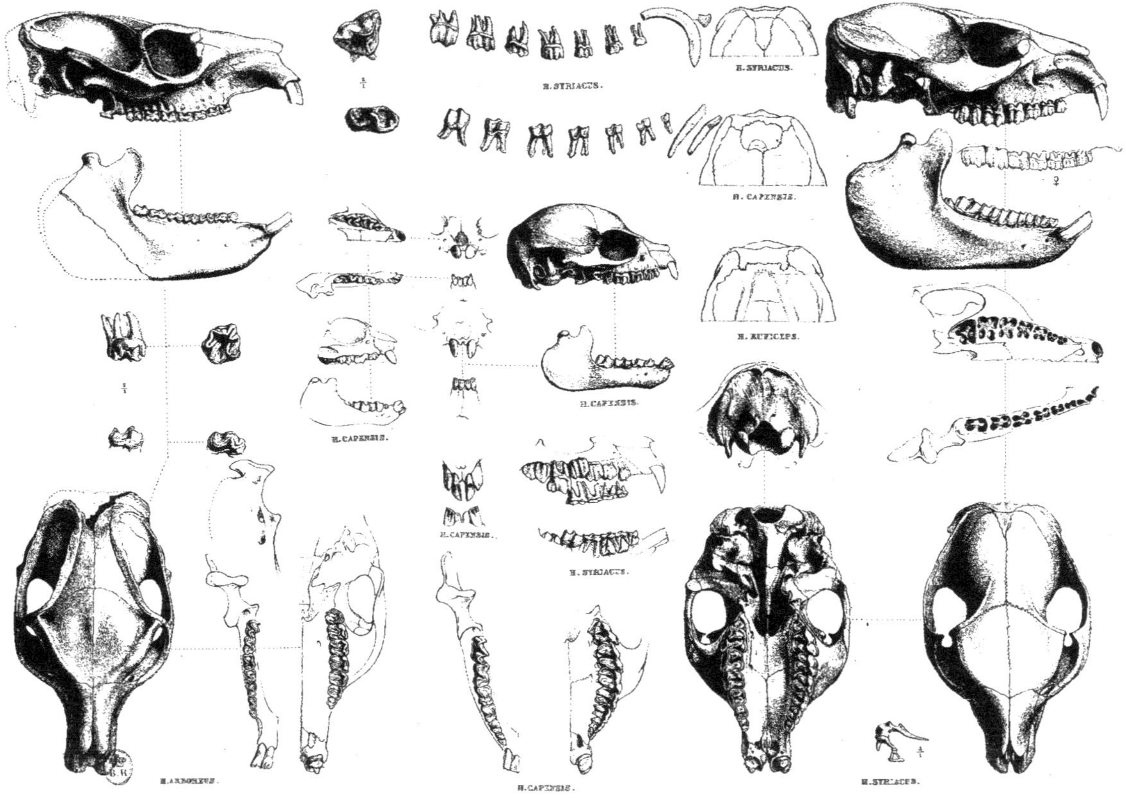

H. SYRIACUS.

H. SYRIACUS.

H. CAPENSIS.

H. CAPENSIS.

H. RUFICEPS.

H. CAPENSIS.

H. CAPENSIS.

H. SYRIACUS.

H. ARBOREUS.

H. CAPENSIS.

H. SYRIACUS.

CRÂNES ET SYSTÊME DENTAIRE.

Werner et Delahaye del.

Lith. de Becquet.

PARTIES CARACTÉRISTIQUES DU TRONC ET DES MEMBRES.

Hyrax capensis.

$\frac{1}{1}$

Werner et Delahaye del.

Lith. de Becquet.

1/7

RHINOCÉROS DE JAVA.

R. Javanus.

Werner et Delahaye del.

Lith. de Becquet.

MAMMIFÈRES. ONGULOGRADES. G. RHINOCEROS. Pl. II.

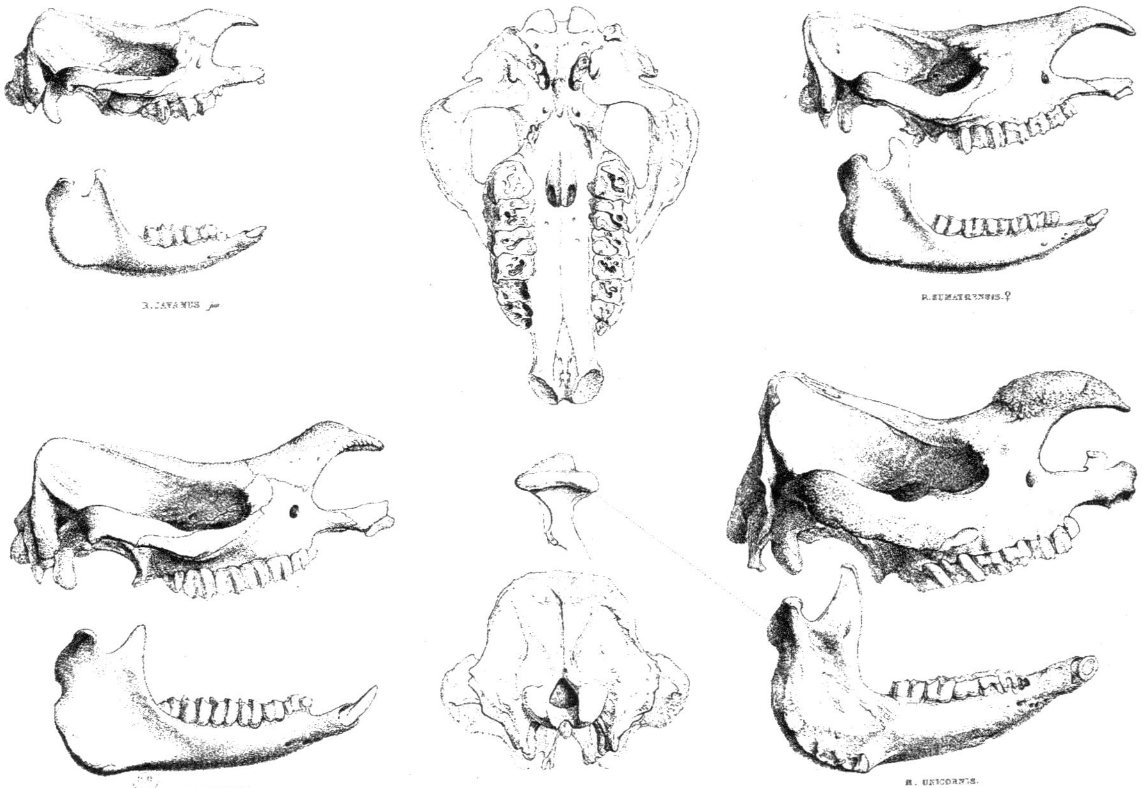

R. JAVANUS juv.

R. SUMATRENSIS. ♀

R. JAVANUS.

R. UNICORNIS.

1/5

Werner et Delahaye del. Lith de Becquet

R. BICORNIS. ♂ 1/5

Werner et Delahaye del.

Lith. de Becquet

RHINOCEROS SIMUS.

$\frac{1}{5}$

Werner et Delahaye del. Lith. de Becquet.

R. Unicornis.

R. Sumatrensis.

R. Javanus.

R. Unicornis.

R. bicornis.

R. bicornis.

R. bicornis.

R. Javanus.

R. Incisivus.

R. bicornis

R. Sumatrensis.

R. Incisivus

R. Tichorhinus

PARTIES CARACTÉRISTIQUES DU TRONC. $\frac{1}{4}$

Werner et Delahaye del.

Lith. de Bequet.

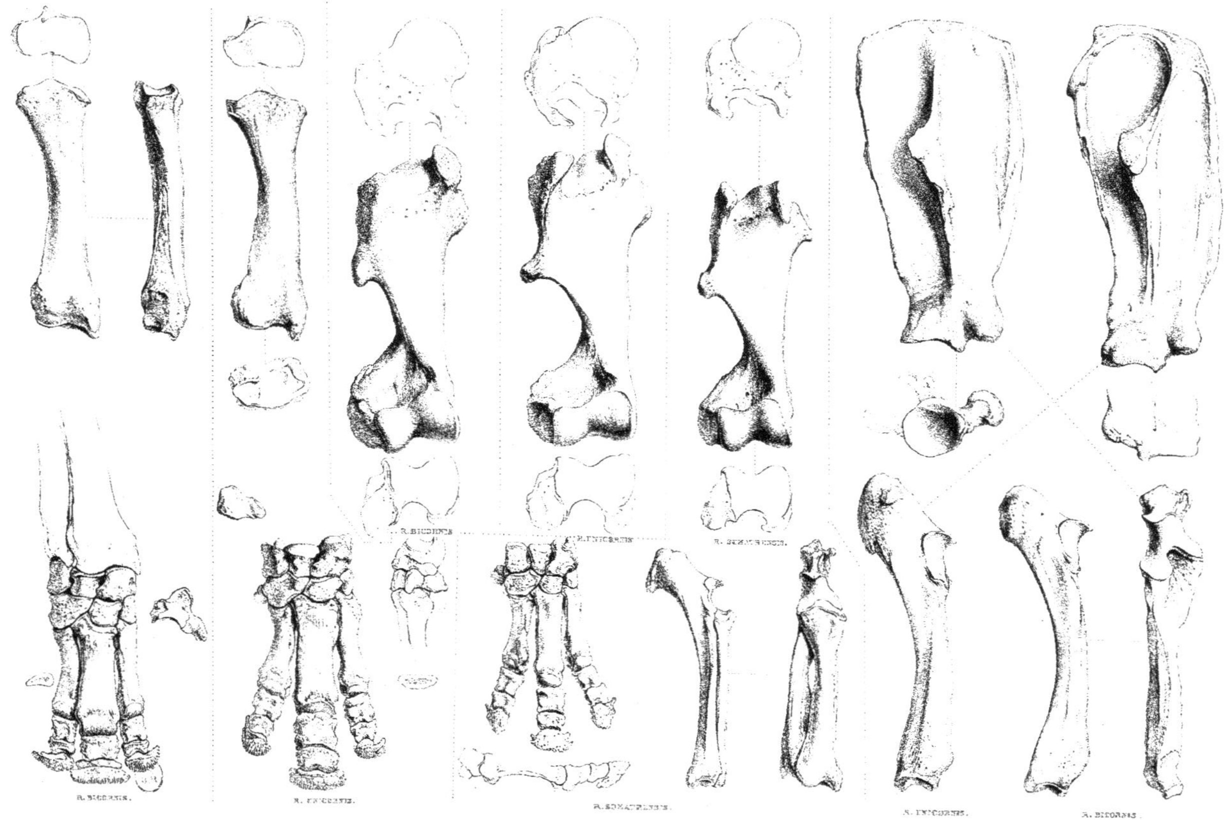

R. BICORNIS. R. UNICORNIS. R. SUMATRENSIS.

R. BICORNIS. R. UNICORNIS. R. SUMATRENSIS. R. UNICORNIS. R. BICORNIS.

Werner et Delahaye del. Lith. de Becquet.

PARTIES CARACTÉRISTIQUES DES MEMBRES antérieurs.

$\frac{1}{3}$

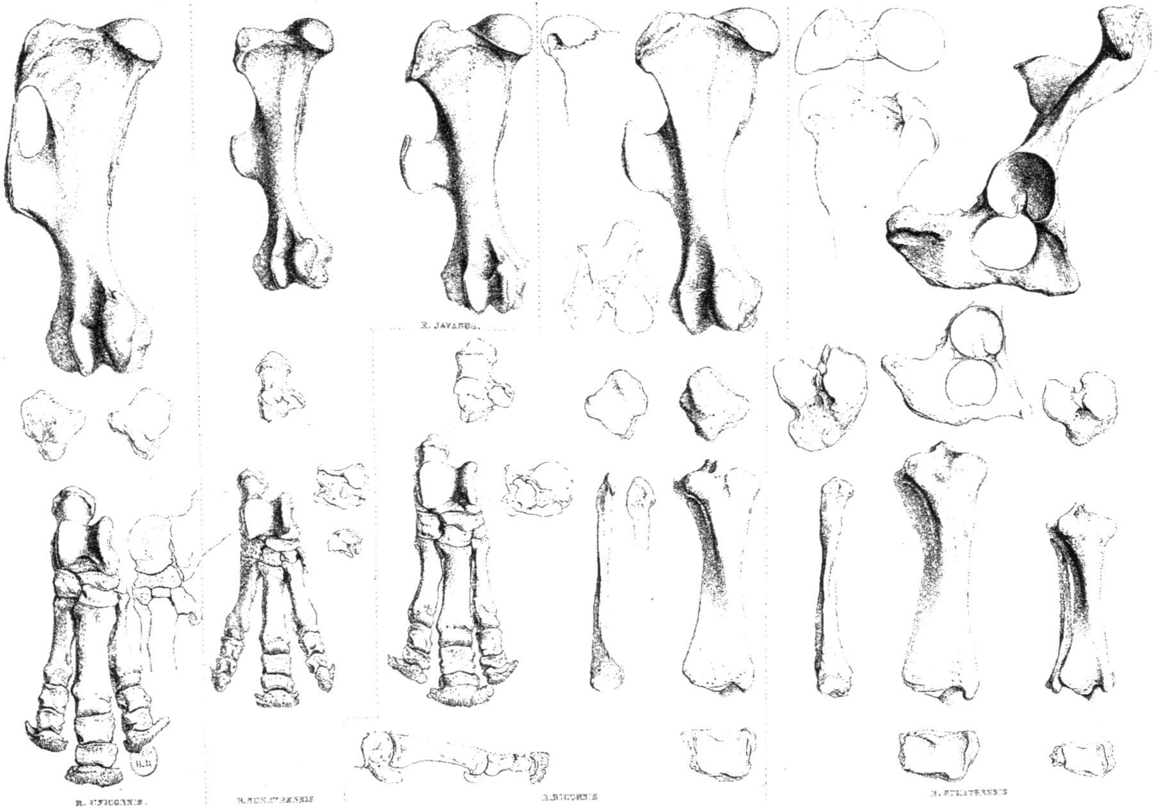

R. JAVANUS.

R. UNICORNIS.

R. SUMATRENSIS

R. BICORNIS

PARTIES CARACTÉRISTIQUES DES MEMBRES

postérieurs $\frac{1}{3}$

Werner et Delahaye del.

Lith. de Becquet.

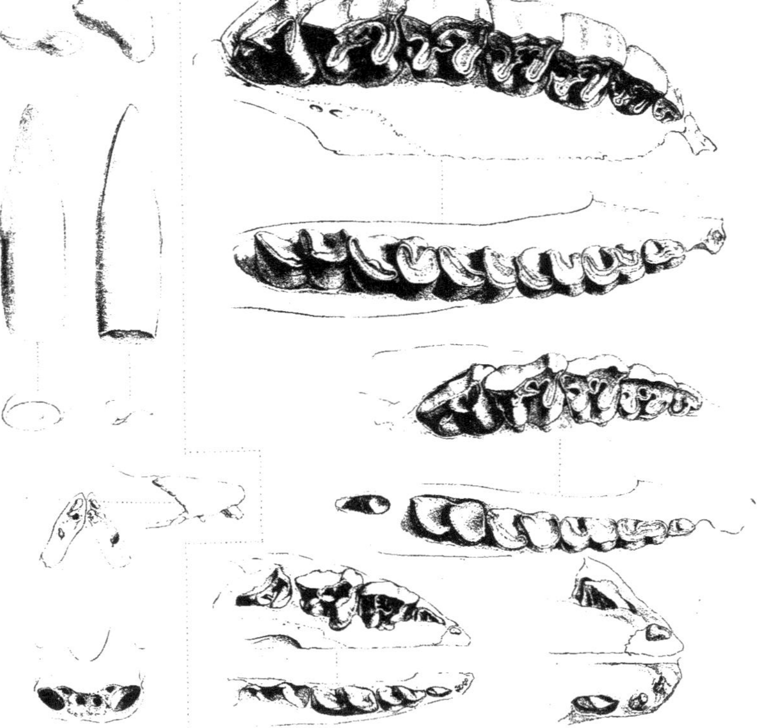

SYSTÈME DENTAIRE 1/2

Werner et Dollinger del. Lith. de Becquet

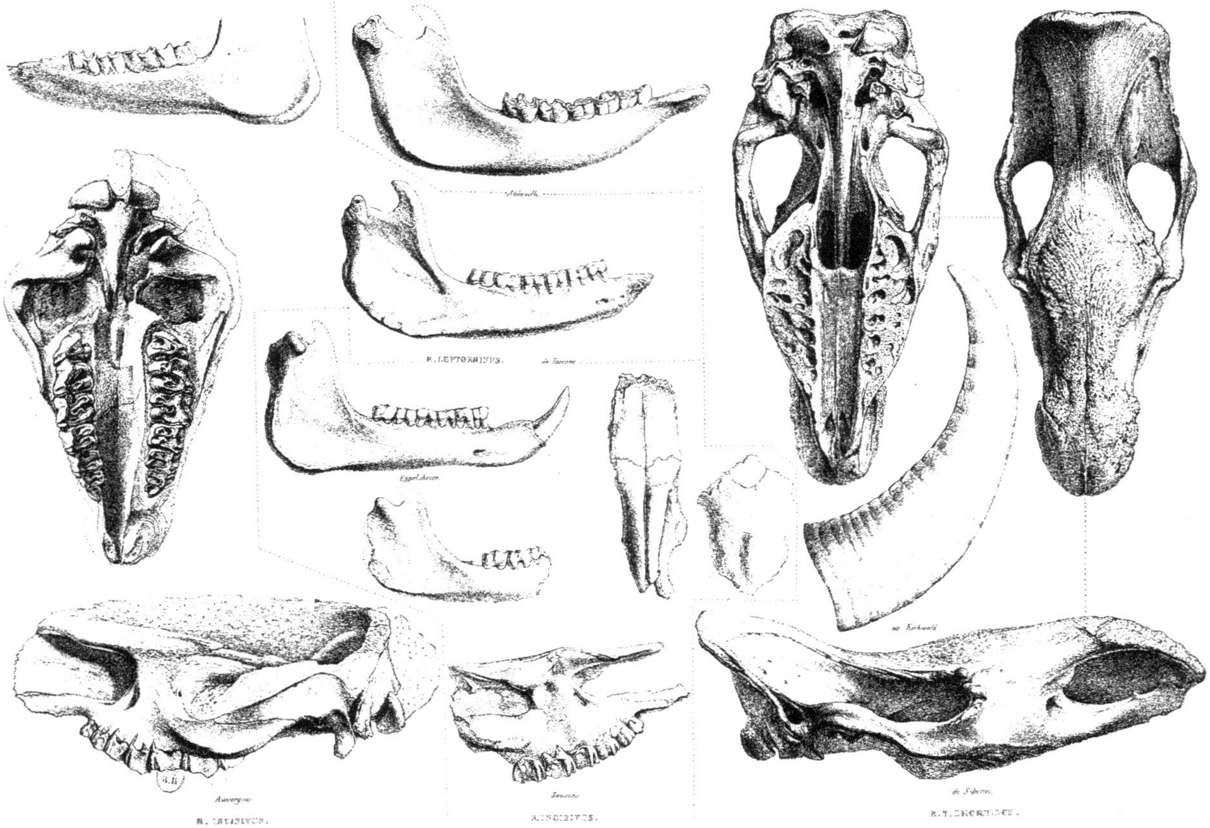

Abbeville

R. LEPTORHINUS. de Toscane

Eppelsheim

au Kirkwald

Auvergne

R. INCISIVUS.

Sansans

R. INCISIVUS.

de Sibérie.

R. TICHORHINUS.

R. FOSSILES. $\frac{1}{5}$

Werner et Delahaye del.

Imp. [illegible]

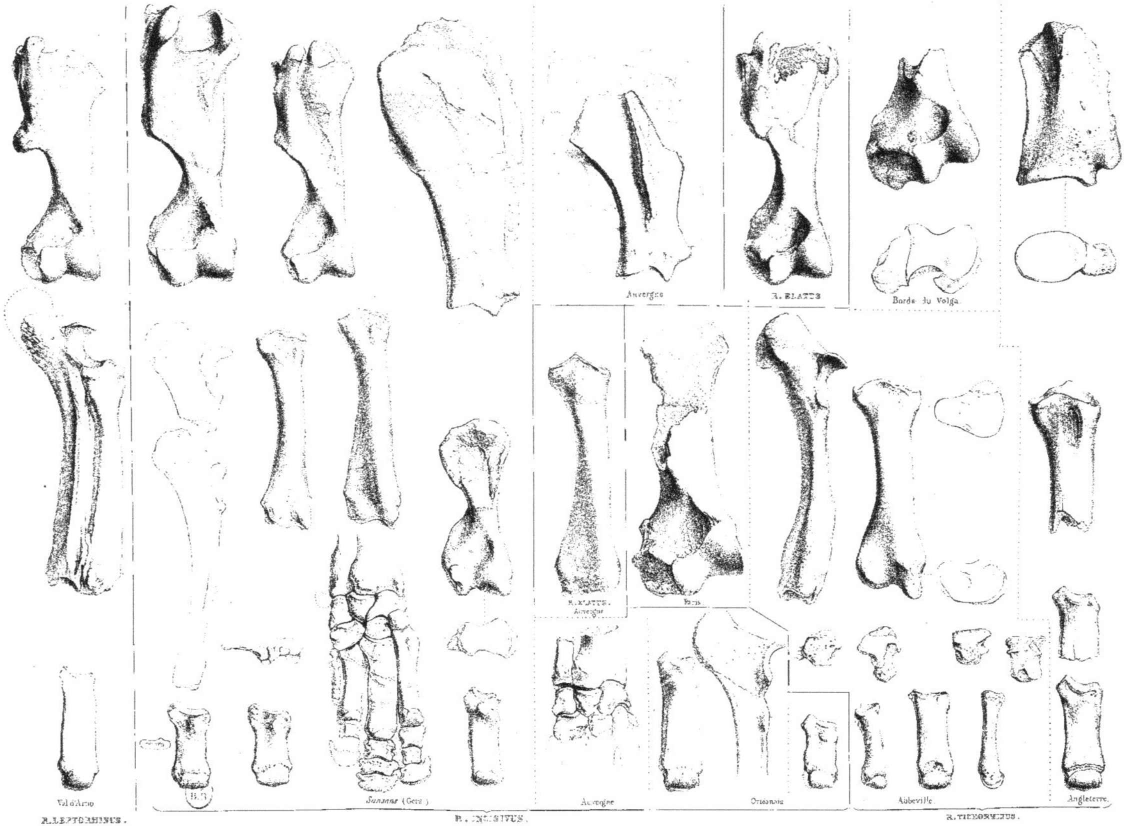

MAMMIFÈRES. ONGULOGRADES. F. RHINOCEROS. PL. X.

Auvergne

R. ELATUS

Bords du Volga.

R. ELATUS. Auvergne

Paris

Val d'Arno

R. LEPTORHINUS.

Sansans (Gers)

Auvergne

Orléanais

Abbeville

Angleterre.

R. INCISIVUS.

R. TICHORHINUS.

R. FOSSILES. $\frac{1}{5}$

Werner et Delahaye del.

Lith. de Becquet.

MAMMIFÈRES. ONGULOGRADES. G. RHINOCEROS. Pl. XI

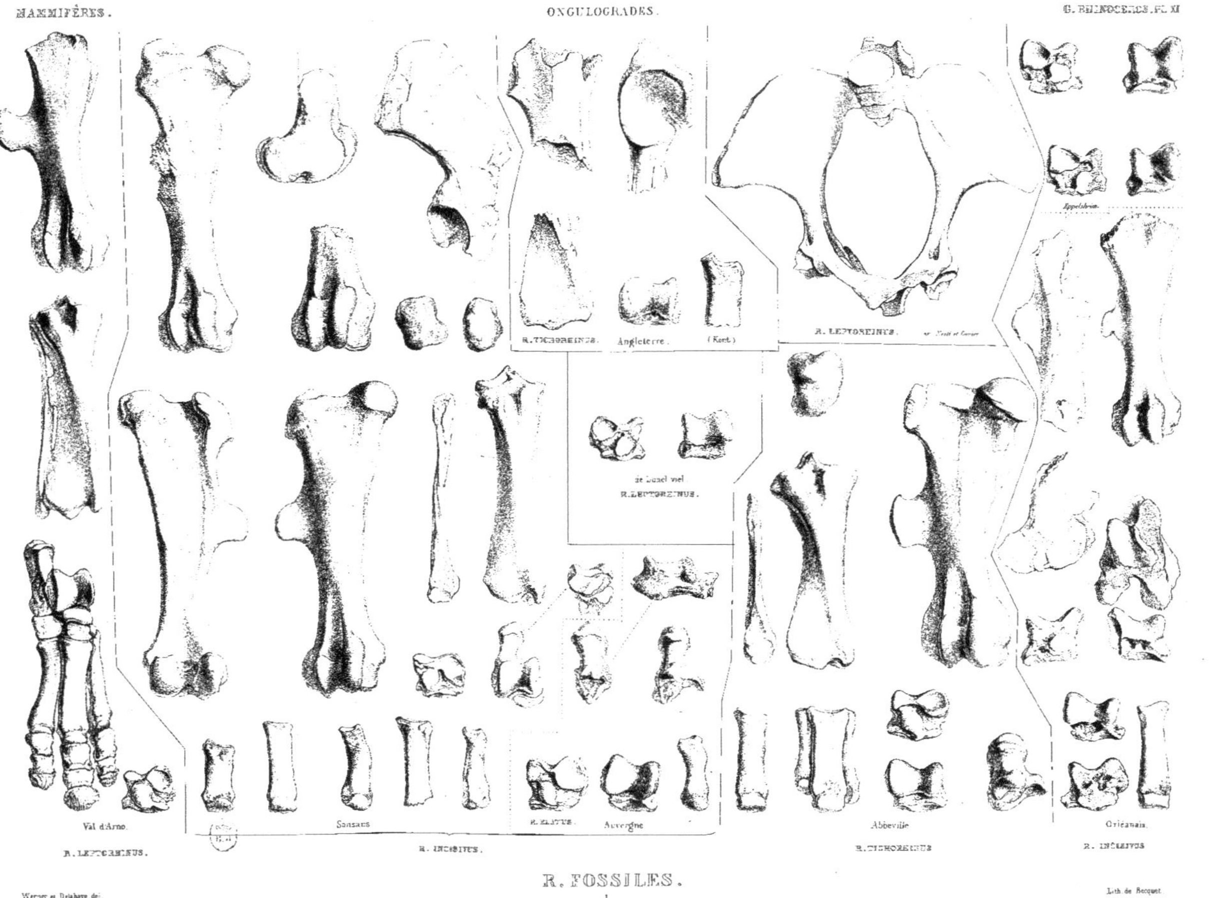

R. FOSSILES.

$\frac{1}{6}$

Werner et Delahaye del. Lith. de Becquet

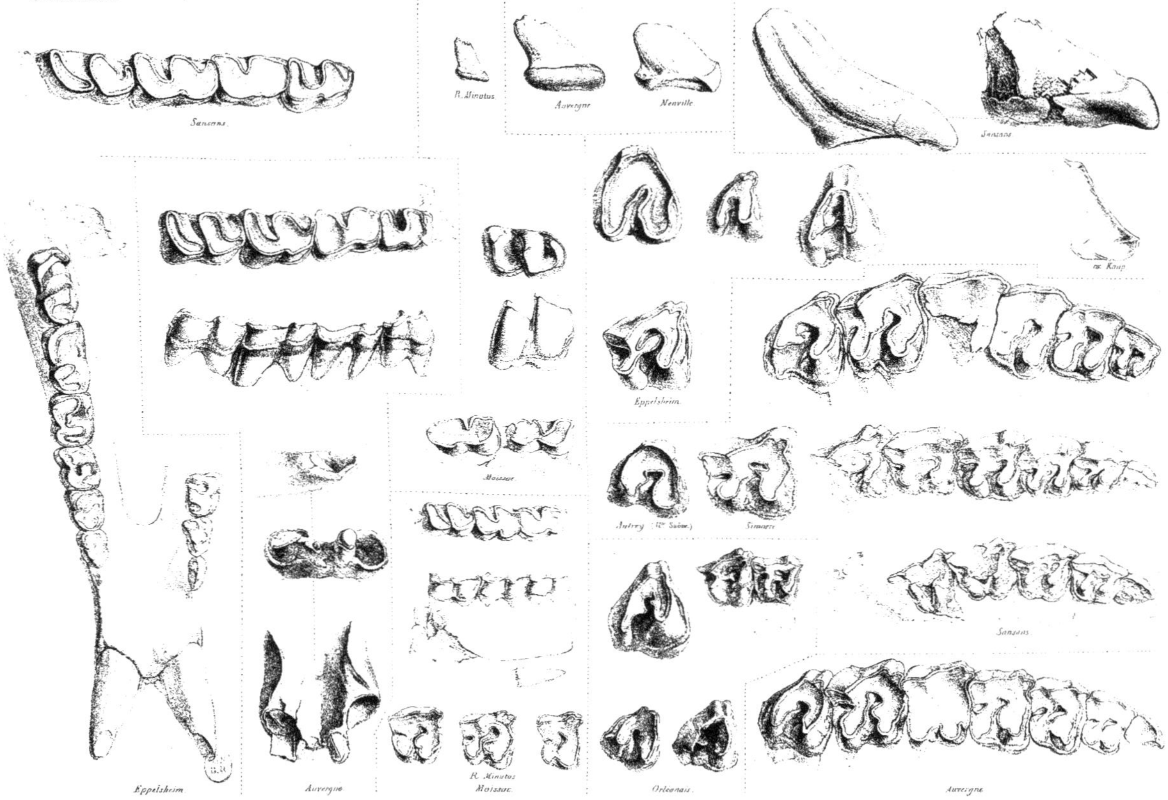

Sansans. R. Minutus. Auvergne. Neuville. Sansans.

m. Kaup.

Eppelsheim.

Moissac.

Autrey (Hte Saône.) Simorre.

Sansans.

Eppelsheim. Auvergne. R. Minutus Moissac. Orléanais. Auvergne.

R. INCISIVUS.

Werner et Delahaye del. Lith. de Becquet

R. FOSSILES.

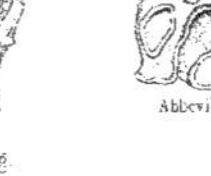

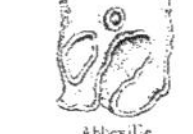

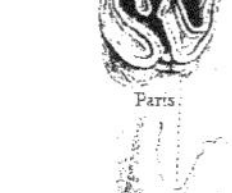

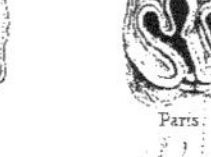

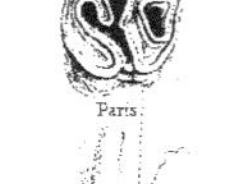
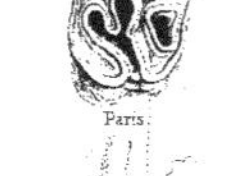
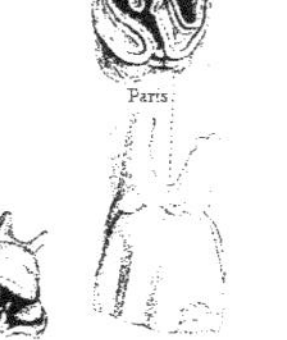

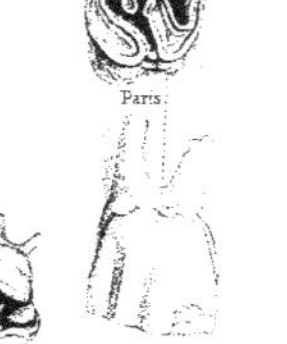
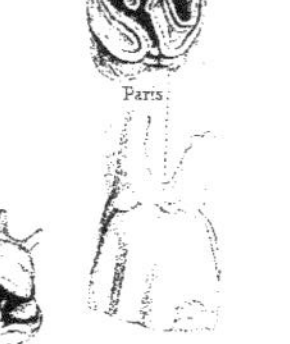

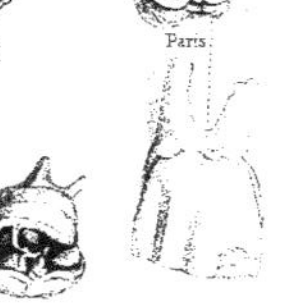

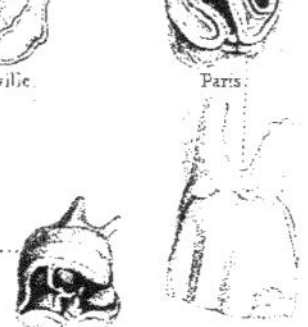
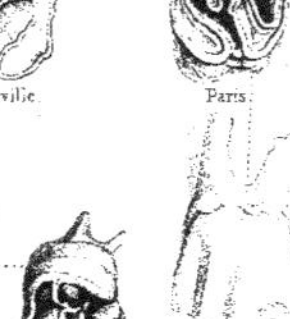
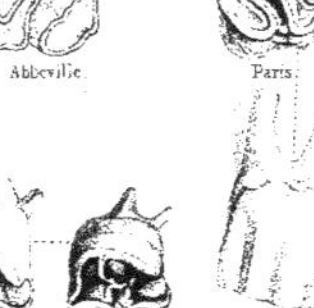
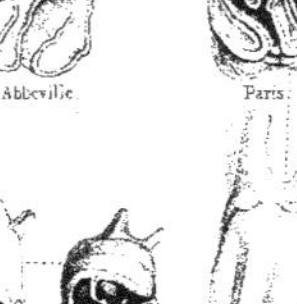
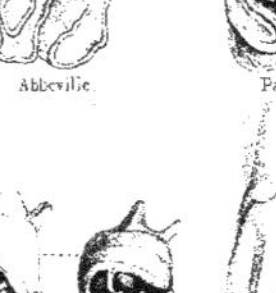
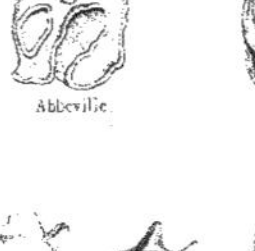
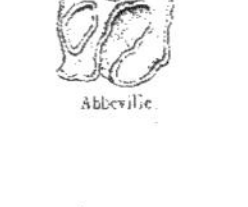
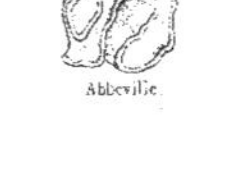
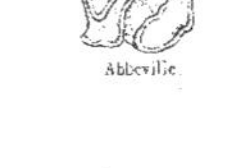
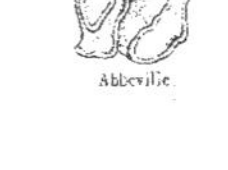
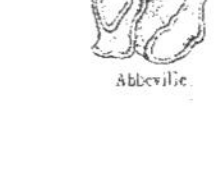

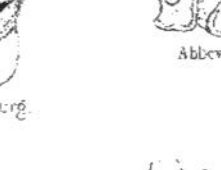
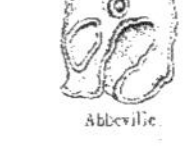
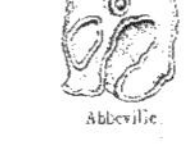
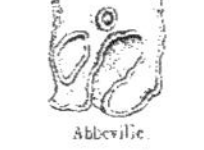

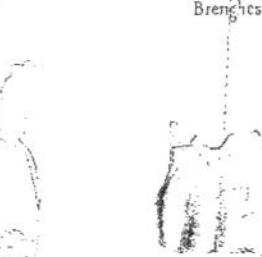

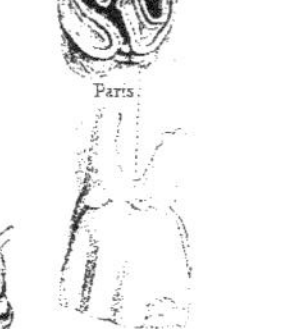

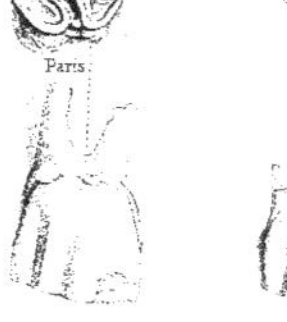

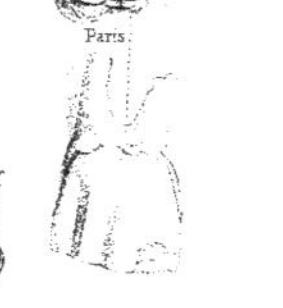
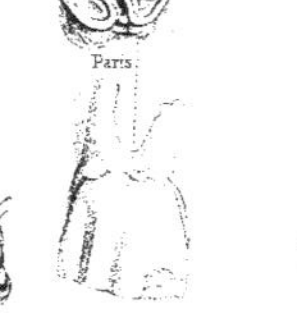

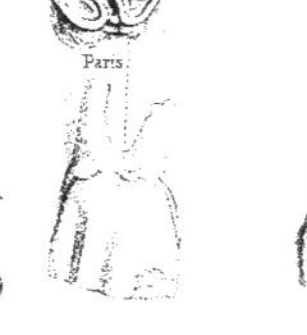
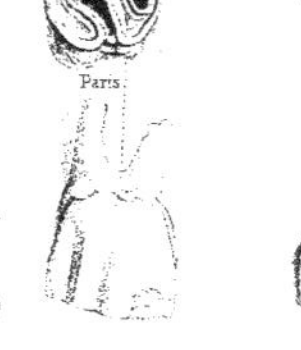

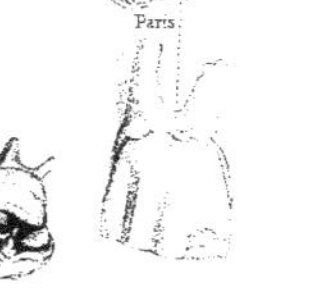
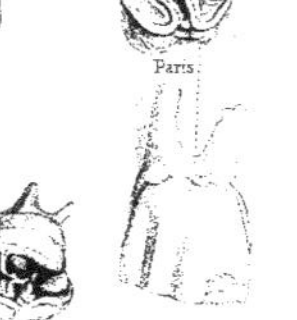

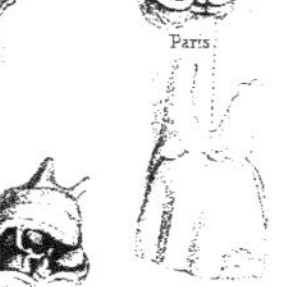
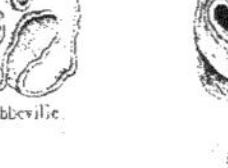
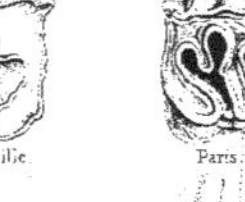
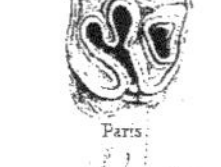

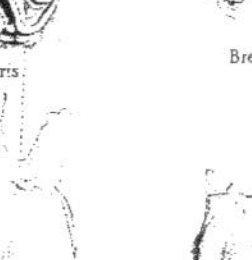
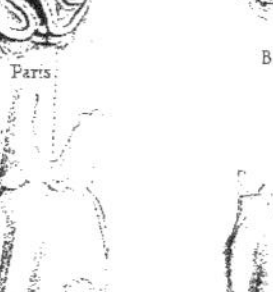
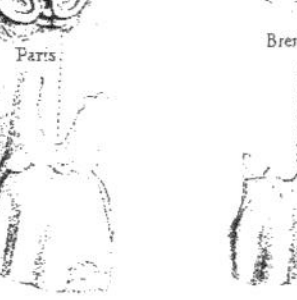
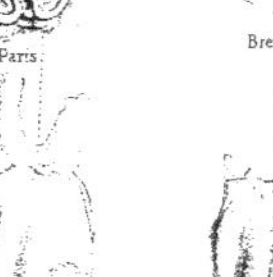
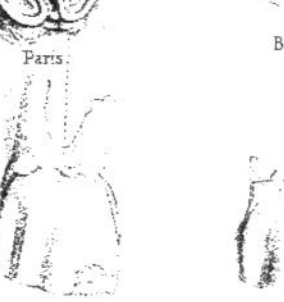
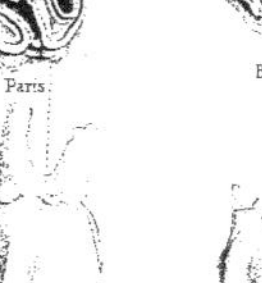
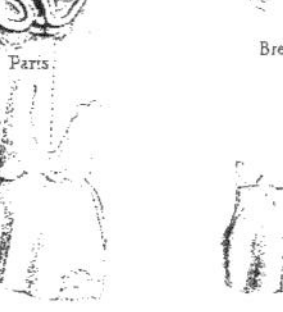
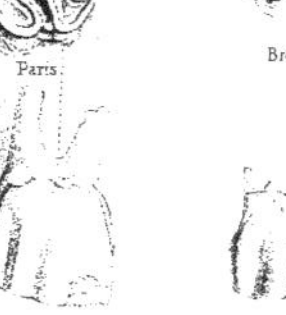
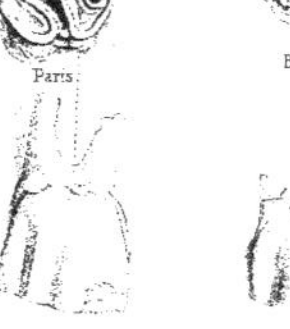
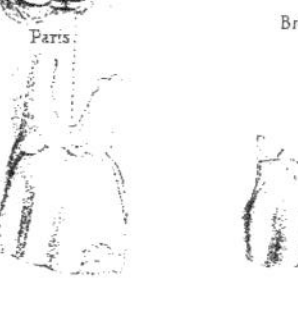

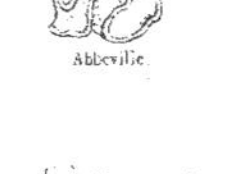

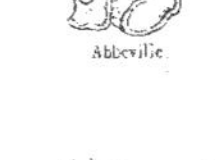

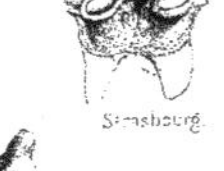

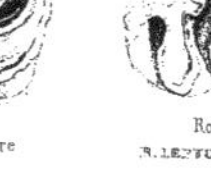

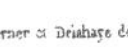

R. FOSSILES. ½

Werner et Delahaye del.

Lith. de Becquet.

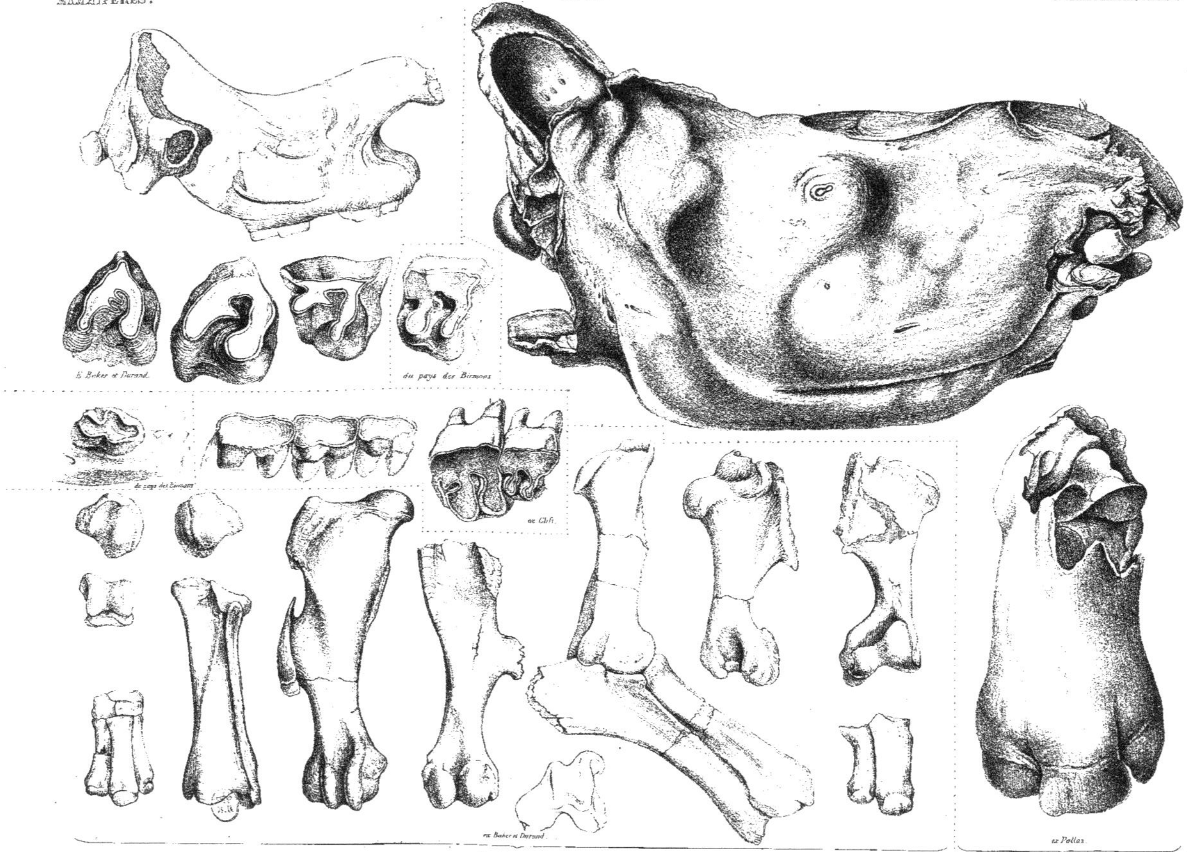

E. Baker et Durand.

du pays des Birmans

du pays des Birmans

ex Clift.

ex Baker et Durand

ex Pallas.

R. UNICORNIS

R. TICHORHINUS.

Werner et Delahaye del.

R. FOSSILES.

Lith. de Becquet.

CHEVAL ♂

E. caballus $\frac{1}{7}$

Delahaye del. Lith. de Becquet frères

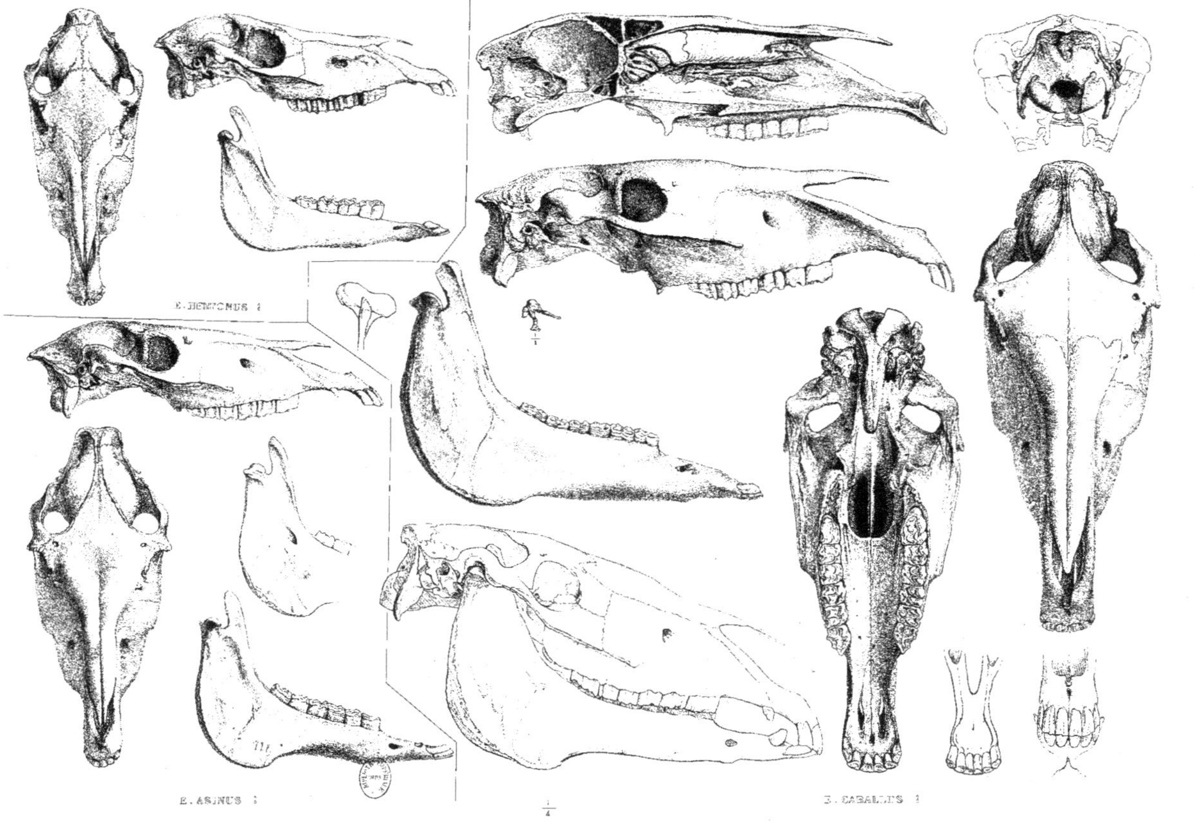

Delahaye, del. Lith. de Becquet frères

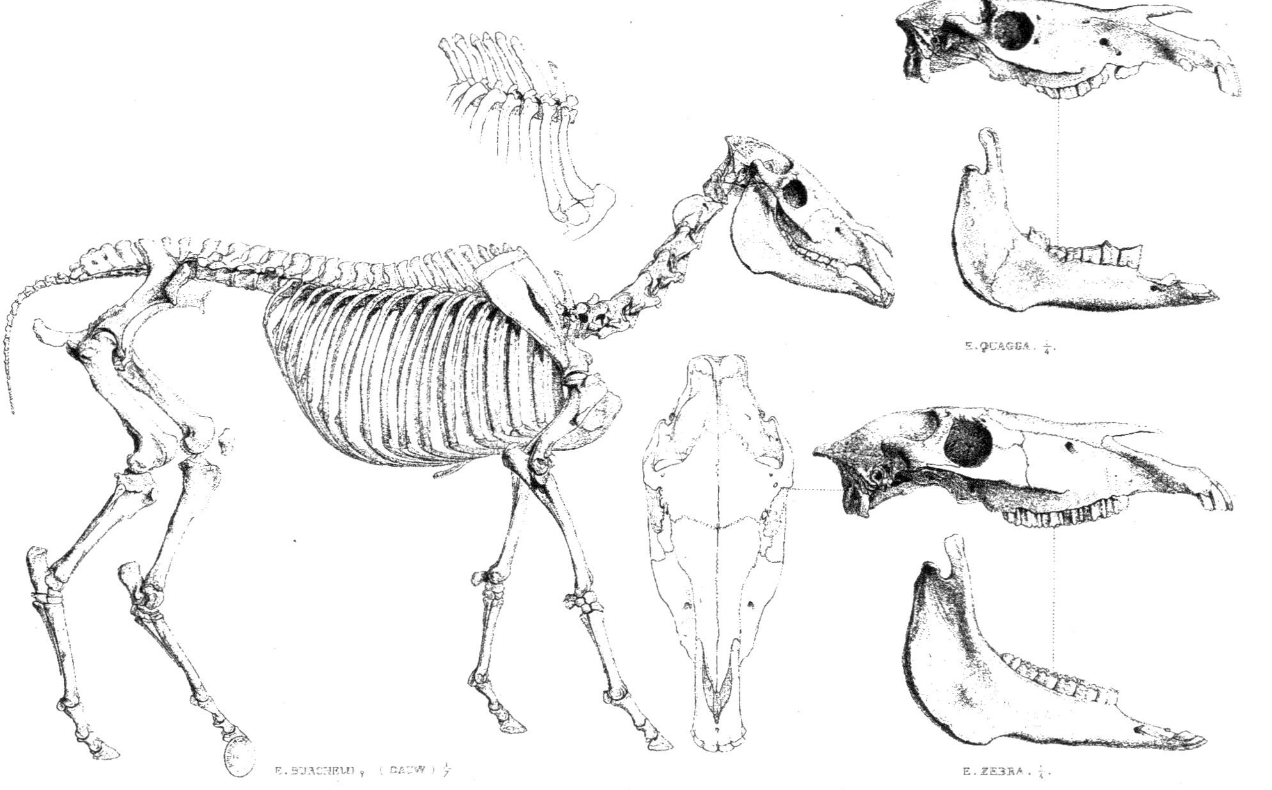

Delahaye del. Lith. de Becquet frères.

PARTIES CARACTÉRISTIQUES DU TRONC $\frac{1}{3}$.

c. E. caballus ♂. b. E. Burchelli ♂. a. E. asinus

Delahaye, del. Lith. de Becquet frères.

Membre postérieur

Membre antérieur

PARTIES CARACTÉRISTIQUES DES MEMBRES $\frac{1}{4}$.

c. E. caballus ♂. b. E. Burchelii ♂. a. E. asinus.

Delahaye del. Lith. de Becquet frères.

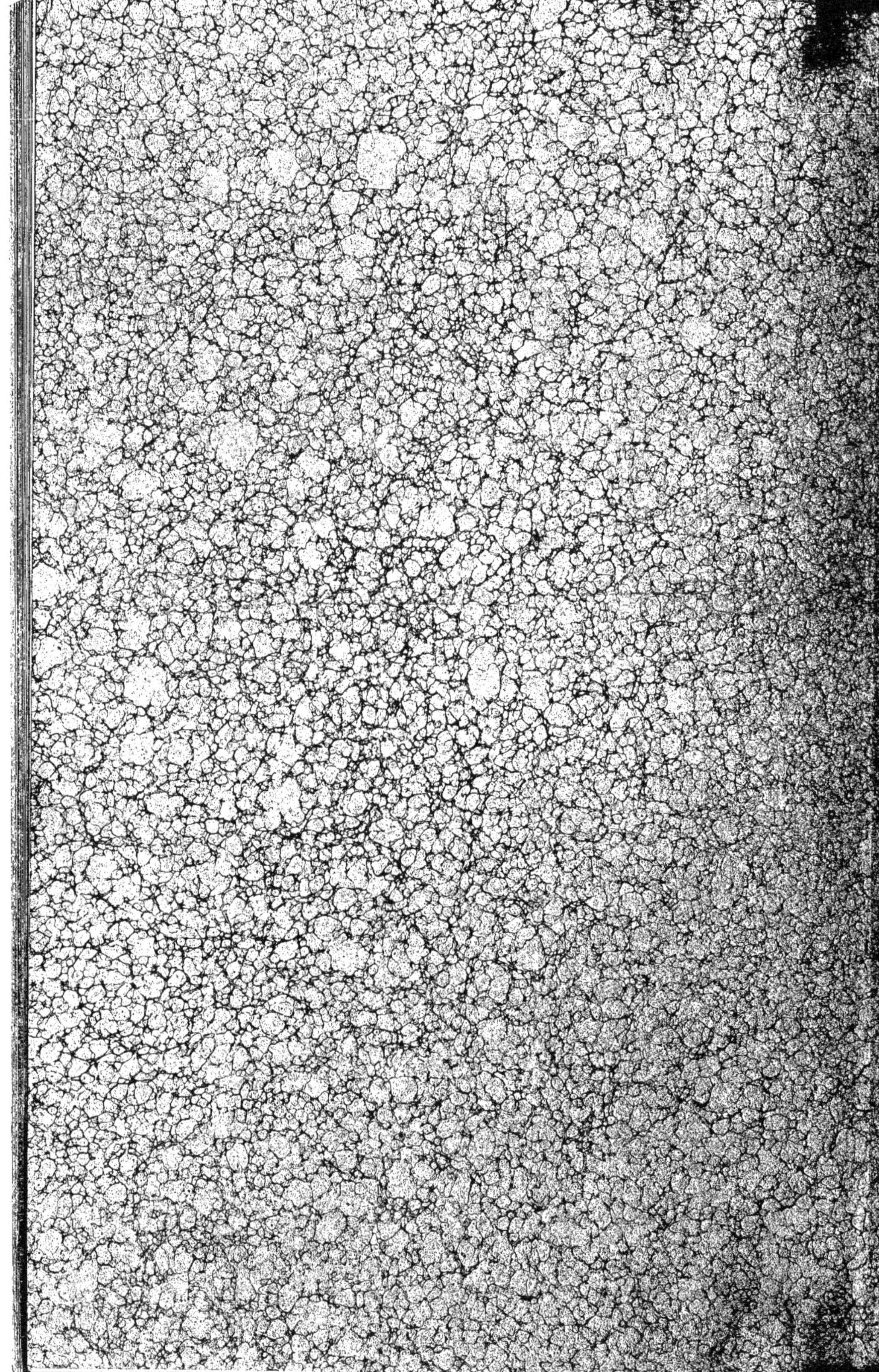

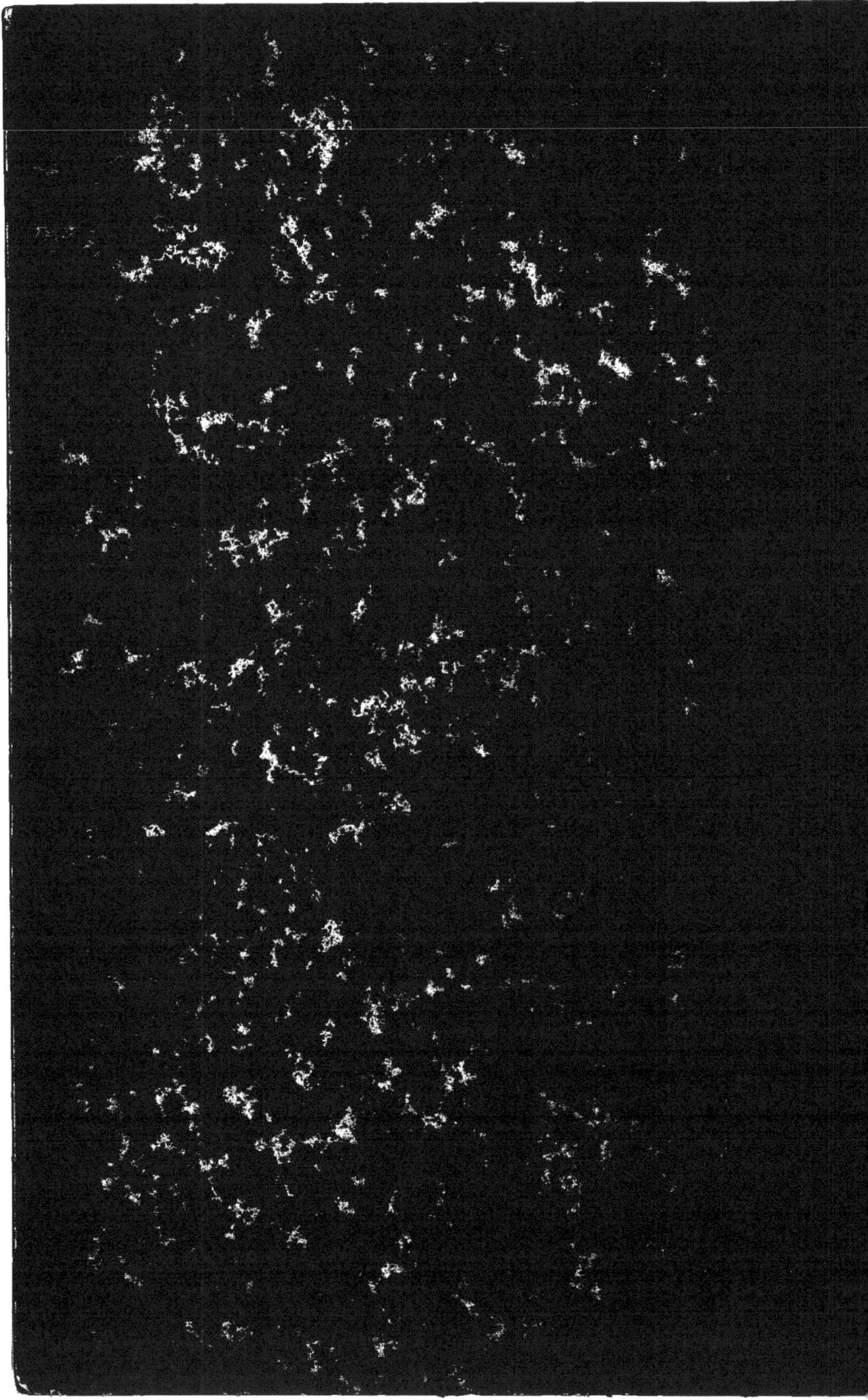

www.ingramcontent.com/pod-product-compliance
Ingram Content Group UK Ltd.
Pitfield, Milton Keynes, MK11 3LW, UK
UKHW021618260726
13965UKWH00007B/1070

9 782011 928757